FORSCHUNGSBERICHT DES LANDES NORDRHEIN-WESTFALEN

Nr. 2962/Fachgruppe Maschinenbau/Verfahrenstechnik

Herausgegeben vom Minister für Wissenschaft und Forschung

Prof. Dr.-Ing. Huba Öry
Dipl.-Ing. Walter Hüßler
Lehrstuhl und Institut für Leichtbau
an der Rhein.-Westf. Techn. Hochschule Aachen

Beitrag zur Behandlung von
Stabilitätsproblemen bei Systemen
mit veränderlichen Grenzen

Westdeutscher Verlag 1980

CIP-Kurztitelaufnahme der Deutschen Bibliothek
Öry, Huba:
Beitrag zur Behandlung von Stabilitätsproblemen bei Systemen mit veränderlichen Grenzen / Huba Öry ; Walter Hüssler. - Opladen : Westdeutscher Verlag, 1980.

   (Forschungsberichte des Landes Nordrhein-Westfalen ; Nr. 2962 : Fachgruppe Maschinenbau, Verfahrenstechnik)
ISBN 978-3-531-02962-7   ISBN 978-3-322-88492-3 (eBook)
DOI 10.1007/978-3-322-88492-3

NE: Hüssler, Walter:

© 1980 by Westdeutscher Verlag GmbH, Opladen
Gesamtherstellung: Westdeutscher Verlag

Inhaltsverzeichnis   Seite

1.	Bezeichnungen und Abkürzungen	1
2.	Zusammenfassung	3
2.1	Problemdarstellung	3.
2.2	Themen des vorliegenden Beitrages	4
3.	Einleitung und Literaturübersicht	6
4.	Der Doppelring mit starrer Zwischenschicht	7
4.1	Annahmen und Voraussetzungen	8
4.2	Die Variationsaufgabe mit einer veränderlichen Grenze	9
4.3	Das Gesamtpotential des Systems	9
4.3.1	Die erste Variation des gesamten Potentials	12
4.4	Die Differentialgleichungen des Systems und ihre Lösungen	14
4.5	Die Rand- und Transversalitätsbedingungen	17
4.5.1	Ermittlung der Konstanten aus den Rand- und Transversalitätsbedingungen	22
4.6	Herleitung des Zusammenhanges zwischen Störgröße und Beulwinkel oder Traglast	25
4.7	Der vorgespannte Doppelring	27
4.8	Versuchsergebnisse	30
5.	Literaturverzeichnis	32
	Abbildungen	35

1. Bezeichnungen und Abkürzungen

a	cm	Verformung für $\varphi = 0$
A	cm²	Fläche
b	cm	Störgröße
C	-	Integrationskonstante
E	N/cm²	Elastizitätsmodul
F	-	Funktion
J	cm⁴	Trägheitsmoment
K	-	Funktion von α
l	cm	Beullänge
L	cm	Länge
m	-	Wellenzahl
M	Ncm	Biegemoment
N	N	Längskraft
p	N/cm²	Druck
R	cm	Radius
s	cm	Wandstärke
S	-	Funktional
U	Ncm	Formänderungsenergie
v	cm	tangentiale Verformung
V	Ncm	Potential der äußeren Kräfte
w	cm	radiale Verformung
w_B	cm	Bogenhöhe
α^2	-	Steifigkeitsverhältnis
β	N/cm²	Bettungskonstante
$\hat{\beta}$	-	Bettungsbeiwert

γ	-	Reihenentwicklung mit φ_o
ε	-	Dehnung
$\varkappa$	1/cm	Krümmung
λ	cm	Verschiebung
Π	Ncm	Potential
φ	-	Polarkoordinate
φ_o	-	Beulwinkel
Φ	-	Verdrehwinkel
ψ	-	Lastbeiwert
ω	-	Lastbeiwert

2. Zusammenfassung

2.1 Problemdarstellung

Auf verschiedenen Gebieten der Technik treten Stabilitätsprobleme auf, bei denen für das untersuchte System in verschiedenen Abschnitten unterschiedliche Belastungs- bzw. Lagerungsbedingungen gelten. Die Grenzen dieser Abschnitte sind zunächst aber unbekannt. Gemeinsam ist diesen Aufgaben, daß sie sich mit der Methode der Variationsrechnung mit veränderlichen Grenzen behandeln lassen.

Einige Beispiele, die unter den Begriff "einseitige Kontaktprobleme" fallen, sollen hier erklärt und erörtert werden. Obwohl für einige idealisierte Modelle (elastisches Verhalten, keine Reibung usw.) die prinzipiellen Zusammenhänge bekannt sind, steht eine eingehende Untersuchung für die meisten Probleme noch aus. In diesem Forschungsbericht soll dazu ein Beitrag geleistet werden. Zu Beginn sollen einige Stabilitätsprobleme, die hier angesprochen werden, erklärt werden.

2.1.1 Die Metallauskleidung im Betonrohr

Wenn durch die Schwindung des Betons oder durch die Wärmeausdehnung der Metallauskleidung eine große Druckbelastung in der Auskleidung verursacht wird, beult diese kurzwellig ein (Bild 1). L. El-Bayoumy /12/ hat in seiner sehr ausführlichen Doktorarbeit bewiesen, daß hier kein eigentlicher Verzweigungspunkt definiert werden kann, wohl aber ein "Nachbeulgleichgewicht", welches durch eine in der Praxis immer vorhandene Störung, evtl. auch durch das Erreichen der Fließgrenze unterstützt, bei steigender Belastung zum Einbeulen führt. Die Wellenlänge ist durch die Störung b ebenfalls definiert.

2.1.2 Das "Blättern in einem Buch"

Das Blättern in einem Buch sowie der Vorschub einer Metallplatte in einem Walzwerk oder das Knicken einer schrägliegenden Erdölbohrstange bilden eine weitere Art von Stabilitätsproblemen. Wie A.M. Nusayr und P.R. Paslay /20/ bewiesen, beult der auf einer exakt ebenen Unterlage liegende, biegsame, ebene Plattenstreifen im elastischen Bereich so lange nicht, so lange keine Störung wie etwa ein Draht unter der Platte im Walzwerk oder ein Haar zwischen den Blättern des Buches liegt (Bild 2).

2.1.3 Die Marman-Klemme

Die Marmanverbindung ist ein Bauteil aus der Raumfahrttechnik und gilt heute als Standardlösung für die Befestigung kleiner und mittelgroßer Nutzlasten auf den Trägerendstufen (Bild 3a und 3b). Das Prinzip der Verbindung ist ein Kreisring, der von einem vorgespannten Seil umschlungen wird. Das Seil ist ein "Außenring" ohne Biegesteifigkeit. Der Innenring ist biegeelastisch und läßt sich durch die Erhöhung der Seilverspannung nicht zum Beulen bringen, solange das Seil überall anliegt. Ein ähnliches einfaches Beispiel für die Erklärung dieser Erscheinung ist der durch einen vorgespannten Gummi belastete Trinkhalm. Wird das Gummiband neben dem Trinkhalm an den Enden abgestützt, so knickt dieser ein. Bei gleicher Vorspannung knickt der Trinkhalm nicht ein, wenn das Gummiband durch den Trinkhalm geführt und an den Enden abgestützt wird.

Befindet sich bei der Marmanverbindung zwischen dem kreisrunden Ring und dem Seil eine Störung, dann weicht der Ring bei zunehmender Seilkraft unterhalb der Störung von der Kreisform ab. Die Größe der Störung bestimmt die Traglast des Systems, bei der der Ring in einen Nachbeulgleichgewichtszustand mit großen Verformungen durchschlägt /16/.

2.1.4 Der Doppelring und der doppelwandige Behälter mit elastischer Zwischenschic

Der vorgespannte doppelwandige zylindrische Behälter hat einen Verzweigungspunkt und die Beulspannung steigt mit härter werdender Bettung s./17/. Die Verzweigungslast wird unendlich groß bei starrer Zwischenschicht oder ohne Zwischenschicht. Die Traglast wird dann durch die Größe einer lokalen Störung begrenzt, die den Kontakt zwischen den beiden Schalen verhindert (Bilder 6,7). Ein Verzweigungspunkt existiert immer bei vorhandenem Außendruck. Innendruck würde das System, ähnlich einer größeren Steifigkeit, stabilisieren. Bilder(4,5)

2.2 Thema des vorliegenden Beitrages

In § 2.1.4 wurde das Problem des Doppelringes erörtert. In den Jahren 77/78 wurde als Beitrag der Doppelring ohne elastische oder mit starrer Zwischenschicht eingehend untersucht. Auf dem Ebner-Kolloquium hat Üry /17/ die Lösung des Kontaktproblems anhand der Gleichgewichtsbedingungen vorgetragen. Ohne die Anwendung der Variationsrechnung kann man jedoch nicht mit Sicherheit davon ausgehen, daß das Problem richtig gestellt und die Randbedingungen richtig gewählt worden sind. Deshalb wird in diesem Bericht die Lösung mit der Variationsrechnung aufgezeigt. Die Alternativ-Lösung kann /17/ entnommen werden.

Im abgelösten Bereich des Doppelringes ist die Näherung des flachen Kreisbogens benutzt worden. Diese Näherung gilt genau genommen nur für kleine abgelöste Bereiche. Durch die Näherung des flachen Kreisbogens wurde die umständliche Lösung der "Elastica" mit ellyptischen Integralen vermieden.

Ausführliche Modellversuche mit verschiedenen Steifigkeitsverhältnissen, die von sehr weich bis steif variierten, wurden durchgeführt. Die Ergebnisse zeigten bis ± 15° (abgelöster Bereich) eine gute Übereinstimmung mit der theoretischen Lösung, so daß die eingeführten Vereinfachungen vertreten werden können.

3. Einleitung und Literaturübersicht

Die Stabilität des Kreisringes unter einseitigen Zwangsbedingungen ist bisher von vielen Autoren für unterschiedliche Lagerungen und Belastungen bearbeitet worden. Mit zwei Ausnahmen befassen sich alle Arbeiten mit dem Kreisring in starrer Umhüllung mit oder ohne elastische Bettung.

ÜRY /16/ löste das Problem des mit einem vorgespannten Seil belasteten Kreisringes. In /17/ wurden von ÜRY mit der Gleichgewichtsmethode Bemessungsmöglichkeiten für einen vorgespannten doppelwandigen Behälter mit Zwischenschicht gefunden.

BERGMANN /4/ untersuchte das Temperaturbeulen und CHWALLA/STEINER /6/ das Temperaturbeulen in Verbindung mit einer Außendruckbelastung eines Kreisringes in starrer Umhüllung.

METTLER /7/ stellte fest, daß CHWALLA/STEINER und BERGMANN für das Kontaktdruckproblem Stabilitätsgrenzen ermittelt hatten, die bei richtiger und vollständiger Anwendung der Energiemethode bei dem perfekten Ring nicht auftreten.

LINK /5/ untersuchte den von Außendruck belasteten Ring in starrer Umhüllung, wobei der Ring nicht durch Kontaktdruck oder Umhüllung belastet wurde. LINK ermittelte für den lose in der Umhüllung liegenden Ring ein- und mehrwellige Beulformen.

CHAN/McMINN /9/ zeigten, daß der imperfekte Kreisring in starrer Umhüllung instabil wird, wenn Störkräfte ein Durchschlagen zu größeren Verformungen verursachen.

Zu ähnlichen Ergebnissen kamen BRITVEC /10/, EL BAYOUMY /12/ und HAIN /11/. HAIN /11/ und /13/ untersuchte die Kreiszylinderschale und den Kreisring in starrer Umhüllung mit elastischer ein- und beidseitiger Bettung. Für den Grenzfall starre Bettung fand er gleiche Ergebnisse wie /9/, /10/ und /12/.

In dieser Arbeit soll der Fall des Doppelringes ohne elastische Bettung mit der Methode der Variationsrechnung mit einer veränderlichen Grenze untersucht werden. Der Kreisring in starrer Umhüllung /4/ - /13/, im folgenden Text nur noch "Liner" genannt und der von einem biegeschlaffen vorgespannten Seil belastete Kreisring "(Marman)" /16/ sind dabei als Grenzfälle zu betrachten. Bei dieser Bezeichnung verweisen wir auf § 2.1.1 und 2.1.3.

4. Der Doppelring mit starrer Zwischenschicht

Es wird das Verhalten eines Doppelringes mit starrer Zwischenschicht untersucht, der entweder durch eine Vorspannung (z.B. Schrumpfung) des Außenringes oder durch Dehnung (z.B. Temperaturerhöhung) des Innenringes belastet wird. Beide Fälle sind Kontaktdruckprobleme, weil im verformten, ausgebeulten Zustand im abgelösten Bereich des Innenringes keine Druckbelastung vorliegt. Es wird, entsprechend einem Vorschlag von ELKON /13/, der Fall der konstanten Längskraftbelastung betrachtet (s. Bild 6), so daß zunächst das Durchschlagproblem für diese Belastungsart gelöst werden kann. An einem gedachten Trennquerschnitt wird die konstante Längskraft angebracht. Ist für die konstante Längskraft der Durchschlagpunkt ermittelt, so kann über die Längenänderung λ am Außenring auf eine ursprünglich angebrachte Vorspannung zurückgerechnet werden, die auch den Beulvorgang ausgelöst hätte. Dies ist der Fall des geschlossenen Außenringes, wobei das System mit einer Vorspannung belastet wird und die so eingeleitete Längskraft während des Beulvorganges abnimmt.

4.2 Die Variationsaufgabe mit einer veränderlichen Grenze

Nach den Voraussetzungen in § 4.1 vi. liegt durch die Symmetrie nur eine veränderliche Grenze, und zwar die Breite des abgelösten Bereiches im Augenblick des Durchschlagens, φ_o, vor. Es ist die Störgröße b, die den Beulwinkel φ_o und die Tragfähigkeit des Systems bestimmt. Für die Variationsrechnung wird als Funktional das gesamte Potential des Systems gewählt. Aus der Untersuchung der ersten Variation des gesamten Potentials (Gleichgewichtszustand $\delta \Pi = 0$) ergeben sich die Differentialgleichungen mit dem Rand- und Transversalitätsbedingungen des Problems. Die zweite Variation gibt Auskunft über die Art des Gleichgewichts.

4.3 Das Gesamtpotential des Systems

Wegen der Symmetrie um die vertikale Achse (Bild 6,7) wird nur die rechte Seite des Doppelringes betrachtet. Im Gleichgewichtsfall - der Störkörper liegt kraftlos zwischen Innen- und Außenring - sind klar zwei Bereiche zu unterscheiden, Bereich I mit abgelösten Ringen ($\varphi = 0 \rightarrow \varphi_o$) und Bereich II mit anliegenden Ringen ($\varphi = \varphi_o \rightarrow \pi$). Das Gesamtpotential setzt sich zusammen aus der Formänderungsarbeit in den Bereichen I und II für beide Ringe und aus dem Potential der äußeren Kraft für den Außenring im Bereich I. Somit gilt für den Innenring

$$\Pi_1 = U_{I1} + U_{II1} \qquad (1)$$

und für den Außenring, der nach dem ELKONschen Modell (Bild 6) belastet ist

$$\Pi_2 = U_{I2} + U_{II2} + V_{I2} \qquad (2)$$

Für die Biege-Formänderungsarbeit gilt

$$U = \frac{1}{2} \int M \, d\phi = \frac{1}{2} \int \frac{JE}{R^4} (\ddot{w} + w)^2 \, R \, d\varphi \qquad (3)$$

mit
$$M = \varkappa \, JE$$
$$d\phi = \varkappa \, R \, d\varphi$$

und
$$\varkappa = \frac{1}{R^2} (\ddot{w} + w) \qquad (4)$$

Somit ergeben sich folgende Gleichungen für die Bereiche I und II.

$$U_{I1} = \frac{1}{2}\int_0^{\varphi_0} \frac{(JE)_1}{R^4}(\ddot{w}_1 + w_1)^2 \, R d\varphi \tag{3a}$$

$$U_{I2} = \frac{1}{2}\int_0^{\varphi_0} \frac{(JE)_2}{R^4}(\ddot{w}_2 + w_2)^2 \, R d\varphi \tag{3b}$$

$$U_{II1} = \frac{1}{2}\int_{\varphi_0}^{\pi} \frac{(JE)_1}{R^4}(\ddot{w}_1 + w_1)^2 \cdot R d\varphi \tag{3c}$$

$$U_{II2} = \frac{1}{2}\int_{\varphi_0}^{\pi} \frac{(JE)_2}{R^4}(\ddot{w}_2 + w_2)^2 \, R d\varphi \tag{3d}$$

In /16/ wurde gezeigt, daß die äußere konstante Längskraft N nur über die Verkürzung im Bereich I eine Arbeit leistet. Somit ergibt sich das Potential der äußeren Kräfte zu.

$$V_{I2} = -\lambda N \tag{5}$$

Mit
$$\lambda = \frac{1}{2R}\int_0^{\varphi_0}[(\dot{w}_1 + \dot{w}_B)^2 - (\dot{w}_2 + \dot{w}_B)^2] \, d\varphi \tag{6}$$

(Herleitung von λ siehe Bild 7a)

findet man schließlich

$$V_{I2} = -\frac{N}{2R}\int_0^{\varphi_0}[(\dot{w}_1 + \dot{w}_B)^2 - (\dot{w}_2 + \dot{w}_B)^2] \, d\varphi \tag{7}$$

Die Berechnung der Verkürzung (Gl. (6) und Bild 7a) über die Näherung des flachen Kreisbogens gilt nur für kleine Winkel φ. Unter diesen Voraussetzungen ist die Verschiebung w gegenüber der Krümmung $\ddot{w}$ vernachlässigbar klein, so daß sich die Biegepotentiale im abgelösten Bereich I vereinfachen.

$$U_{I1} = \frac{1}{2} \int_0^{\varphi_0} \frac{J_1 E_1}{R^4} \ddot{w}_1^2 \, R d\varphi \tag{8a}$$

$$U_{I2} = \frac{1}{2} \int_0^{\varphi_0} \frac{J_2 E_2}{R^4} \ddot{w}_2^2 \, R d\varphi \tag{8b}$$

Der Übersichtlichkeit wegen werden Abkürzungen eingeführt.

$$c_1 = \frac{J_1 E_1}{2R^4} \qquad c_2 = \frac{J_2 E_2}{2R^4} \qquad c_3 = \frac{N}{2R} \tag{9a-c}$$

Das gesamte Potential lautet somit:

$$\Pi = \Pi_1 + \Pi_2 = U_{I1} + U_{II1} + U_{I2} + U_{II2} + V_{I2} \tag{10}$$

$$\left.\begin{aligned}
\Pi = &\int_0^{\varphi_0} c_1 \ddot{w}_1^2 \, R d\varphi + \int_{\varphi_0}^{\pi} c_1 (\ddot{w}_1 + w_1)^2 \, R d\varphi \\
+ &\int_0^{\varphi_0} c_2 \ddot{w}_2^2 \, R d\varphi + \int_{\varphi_0}^{\pi} c_2 (\ddot{w}_2 + w_2)^2 \, R d\varphi \\
- &\int_0^{\varphi_0} c_3 \left[(\dot{w}_1 + \dot{w}_B)^2 - (\dot{w}_2 + \dot{w}_B)^2 \right] d\varphi
\end{aligned}\right\} \tag{10a}$$

Für die Terme in den Potentialintegralen werden folgende
Abkürzungen eingeführt.

$$F_{I1} = C_1 R \, \ddot{w}_1^2 \tag{11}$$

$$F_{I2} = C_2 R \, \ddot{w}_2^2 \tag{12}$$

$$F_{I3} = C_3 [(\dot{w}_1 + \dot{w}_B)^2 - (\dot{w}_2 + \dot{w}_B)^2] \tag{13}$$

$$F_{II1} = C_1 R \, (\ddot{w}_1 + w_1)^2 \tag{14}$$

$$F_{II2} = C_2 R \, (\ddot{w}_2 + w_2)^2 \tag{15}$$

Das gesamte Potential (10_a) kann man als zwei Summanden auffassen.

$$\Pi = \Pi_I + \Pi_{II} \tag{16}$$

mit
$$\Pi_I = \int_0^{\varphi_2} (F_{I1} + F_{I2} - F_{I3}) d\varphi \tag{16a}$$

$$\Pi_{II} = \int_{\varphi_2}^{\pi} (F_{II1} + F_{II2}) d\varphi \tag{16b}$$

4.3.1 Die erste Variation des Potentials

Für die Existenz eines Gleichgewichtes eines Systems ist das Verschwinden der ersten Variation seines Potentials eine notwendige Bedingung. Dafür gilt nach /19/

$$\begin{aligned}
\delta\Pi = \int_{\varphi_1}^{\varphi_2} \Big\{ \Big[\frac{\partial F}{\partial w} - \frac{d}{d\varphi} \frac{\partial F}{\partial \dot{w}} + \frac{d^2}{d\varphi^2} \frac{\partial F}{\partial \ddot{w}} \Big] \delta w \Big\} d\varphi \\
+ \Big\{ \Big[\frac{\partial F}{\partial \dot{w}} - \frac{d}{d\varphi} \frac{\partial F}{\partial \ddot{w}} \Big] \delta w + \Big[\frac{\partial F}{\partial \ddot{w}} \Big] \delta \dot{w} \Big\} \Big|_{\varphi_1}^{\varphi_2} \\
+ \Big\{ F - \Big[\frac{\partial F}{\partial \dot{w}} - \frac{d}{d\varphi} \frac{\partial F}{\partial \ddot{w}} \Big] \dot{w} - \Big[\frac{\partial F}{\partial \ddot{w}} \Big] \ddot{w} \Big\}_{\varphi=\varphi_2} \delta\varphi_2
\end{aligned} \tag{17}$$

Hier wird φ_2 als variable und φ_1 als feste Grenze angesehen.

Die in (17) unterstrichenen Größen resultieren aus der Existenz dieser variablen Grenze φ_2.
Bei Vernachlässigung höherer Ordnungen gilt hier

$$\delta w_i^* = \delta w_i \big|_{\varphi_2} - \dot{w}_i \delta \varphi_2 \qquad i = 1,2$$

wobei δw_i^* die Variation von w_i für φ_2 ist, während δw_i die Variation von w_i für $\varphi_2 + \delta \varphi_2$ darstellt. Ebenso gilt

$$\delta \dot{w}_i^* = \delta \dot{w}_i \big|_{\varphi_2} - \ddot{w}_i \delta \varphi_2$$

Unter $\dot{w}_i, \ddot{w}_i$ sind Ableitungen von w_i an der Stelle $\varphi = \varphi_2$ zu verstehen. Die Variation von Π_I erhält man anhand von (17) und den Bildern 8a,b.

Mit $F = F_{I1} + F_{I2} - F_{I3}$

$$\begin{aligned}
\delta \Pi_I = &\int_0^{\varphi_2} \Big\{ [\, 2C_3(\ddot{w}_1+\ddot{w}_B) + 2C_1 R\, \ddddot{w}_1]\delta w_1 \\
&\qquad [-2C_3(\ddot{w}_2+\ddot{w}_B) + 2C_2 R\, \ddddot{w}_2]\delta w_2 \Big\} d\varphi \\
&+ \Big\{ [-2C_3(\dot{w}_1+\dot{w}_B) - 2C_1 R\, \dddot{w}_1]\delta w_1 + [2C_1 R\, \ddot{w}_1]\delta \dot{w}_1 \\
&\quad + [\, 2C_3(\dot{w}_2+\dot{w}_B) - 2C_2 R\, \dddot{w}_2]\delta w_2 + [2C_2 R\, \ddot{w}_2]\delta \dot{w}_2 \Big\}_0^{\varphi_2} \\
&+ \Big\{ C_1 R\, \ddot{w}_1^2 + C_2 R\, \ddot{w}_2^2 - C_3[(\dot{w}_1+\dot{w}_B)^2 - (\dot{w}_2+\dot{w}_B)^2] \\
&\quad -[-2C_3(\dot{w}_1+\dot{w}_B) - 2C_1 R\, \dddot{w}_1]\dot{w}_1 - [2C_1 R\, \ddot{w}_1]\ddot{w}_1 \\
&\quad -[\, 2C_3(\dot{w}_2+\dot{w}_B) - 2C_2 R\, \dddot{w}_2]\dot{w}_2 - [2C_2 R\, \ddot{w}_2]\ddot{w}_2 \Big\}_{\varphi=\varphi_2} \delta \varphi_2
\end{aligned} \qquad (18\text{a})$$

Bereich I: Innenring.

Die Differentialgleichung

$$\ddddot{w}_1 + \omega_1^2 \ddot{w}_1 = \omega_1^2 R \quad \text{mit} \quad \omega_1^2 = \frac{C_3}{RC_1} = \frac{NR^2}{J_1 E_1} = \psi \qquad (20)$$

führt mit dem homogenen Lösungsansatz

$$w_h = e^{\lambda \varphi}$$

zur charakteristischen Gleichung

$$\lambda^4 + \omega_1^2 \lambda^2 = 0.$$

Die Lösungen der charakteristischen Gleichung sind

$$\lambda_1 = \lambda_2 = 0 \; ; \; \lambda_3 = i\omega_1 \; ; \; \lambda_4 = -i\omega_1 \; .$$

Die homogene Lösung der Differentialgleichung lautet damit

$$w_{Ih} = D_{I1} + D_{I2}\varphi + D_{I3}\cos(\omega_1 \varphi) + D_{I4}\sin(\omega_1 \varphi) \; . \qquad (21)$$

Der partikuläre Lösungsansatz

$$w_p = B \varphi^2$$

ergibt nach Einsetzen in (20) und nach Vergleich der Koeffizienten

$$B = \frac{R}{2} \; .$$

Die partikuläre Lösung der Differentialgleichung wird damit

$$w_{Ip} = \frac{R}{2} \varphi^2 . \qquad (22)$$

Demnach lautet die Gesamtlösung für den Innenring im Bereich I

$$w_{I1} = D_{I1} + D_{I2}\varphi + D_{I3}\cos(\omega_1 \varphi) + D_{I4}\sin(\omega_1 \varphi) + \frac{R}{2}\varphi^2 \qquad (23)$$

Bereich I: Außenring.

Die Differentialgleichung

$$\ddddot{w}_2 - \omega_2^2 \ddot{w}_2 = -\omega_2^2 R \quad \text{mit} \quad \omega_2^2 = \frac{C_3}{RC_2} = \frac{NR^2}{J_2 E_2} \tag{24}$$

führt jetzt mit dem homogenen Lösungsansatz

$$w_h = e^{\lambda \varphi}$$

zur charakteristischen Gleichung

$$\lambda^4 - \omega_2^2 \lambda^2 = 0 \ .$$

Die Lösungen der charakteristischen Gleichung sind diesmal

$$\lambda_1 = \lambda_2 = 0 \quad \lambda_3 = \omega_2 \quad \lambda_4 = -\omega_2 \ .$$

Die homogene Lösung der Differentialgleichung lautet

$$w_{2h} = D_{I5} + D_{I6}\varphi + D_{I7}\text{ch}(\omega_2 \varphi) + D_{I8}\text{sh}(\omega_2 \varphi) \ . \tag{25}$$

Der partikuläre Lösungsansatz

$$w_p = B \varphi^2$$

ergibt nach Einsetzen in (24) und nach Vergleich der Koeffizienten

$$B = \frac{R}{2} \ .$$

Die partikuläre Lösung der Differentialgleichung ist damit

$$w_{2p} = \frac{R}{2} \varphi^2 \ . \tag{26}$$

Demnach lautet die Gesamtlösung für den Außenring im Bereich I

$$w_{I2} = D_{I5} + D_{I6}\varphi + D_{I7}\text{ch}(\omega_2 \varphi) + D_{I8}\text{sh}(\omega_2 \varphi) + \frac{R}{2}\varphi^2 \ . \tag{27}$$

Bereich II:

Die beiden Differentialgleichungen für den Bereich II sind identisch. Damit genügt es, nur eine zu lösen und zu sagen, w_1 und w_2 stimmen hier überein.

$$\ddot{\ddot{w}} + 2\ddot{w} + w = 0 \tag{28}$$

Aus der charakteristischen Gleichung

$$\lambda^4 + 2\lambda^2 + 1 = 0$$

folgt die allgemeine Lösung für den anliegenden Bereich

$$w_{II} = (D_{21} + D_{22}\varphi)\cos\varphi + (D_{23} + D_{24}\varphi)\sin\varphi \tag{29}$$

Zur vollständigen Lösung des Problems müssen jetzt noch 12 Integrationskonstanten bestimmt werden. Mit Hilfe der Variationsrechnung sowie den bisher getroffenen Voraussetzungen bereitet es keine Schwierigkeiten, die dafür erforderlichen Randbedingungsgleichungen aufzustellen.

4.5 Die Rand- und Transversalitätsbedingungen

Eine Voraussetzung für das Aufstellen der Potentiale war die Symmetrie bzgl. der Achse 0-π.
Die daraus resultierenden Randbedingungen lauten:

bei $\varphi = 0$

$$\dot{w}_{I1} = 0 \tag{30}$$

$$\dot{w}_{I2} = 0 \tag{31}$$

bei $\varphi = \pi$

$$\dot{w}_{II} = 0 \tag{32}$$

Aus der Stetigkeit des Systems bei $\varphi = \varphi_o$ folgt offensichtlich, daß hier weder ein Sprung noch ein Knick in den Verformungen der Ringe auftreten.

Die sich aus diesen Kontinuitätsbedingungen ergebenden Randbedingungen lauten also:

bei $\varphi = \varphi_o$

$$w_{I1} = w_{II1} \qquad (33)$$

$$w_{I2} = w_{II2} \qquad (34)$$

$$\dot{w}_{I1} = \dot{w}_{II1} \qquad (35)$$

$$\dot{w}_{I2} = \dot{w}_{II2} \qquad (36)$$

Im Bereich II stimmen per definitionem die w-Werte für alle φ überein und damit auch alle Ableitungen. Daraus folgt aber:

$$w_{II1}(\varphi_o) = w_{II2}(\varphi_o) \qquad (37)$$

$$\dot{w}_{II1}(\varphi_o) = \dot{w}_{II2}(\varphi_o) \qquad (38)$$

Aus der Herleitung der relativen Verkürzung in Bild 7a kann man ersehen, daß es sinnvoll ist, noch folgende Randbedingung festzulegen (Starrkörperverschiebung):

$$w_{I1}(\varphi_o) = w_{I2}(\varphi_o) = A_1 \quad \text{(frei gewählt)} \qquad (39)$$
(vgl. 42 a/b) siehe Seite 21.

Da sonst keine quantitativen Aussagen gemacht werden können, sind alle entsprechenden Variationsgrößen in (18a,b) frei.

Man kann also schreiben:

bei $\varphi = 0$

$$\delta w_1 \neq 0 \qquad \text{und beliebig} \qquad (40a)$$

$$\delta w_2 \neq 0 \qquad\qquad\qquad\qquad (40b)$$

bei $\varphi = \pi$

$$\delta w \neq 0 \qquad (41)$$

bei $\varphi = \varphi_0$

$$\delta w_1 \neq 0 \qquad (42a)$$
$$\delta w_2 \neq 0 \qquad (42b)$$
$$\delta \dot{w}_1 \neq 0 \qquad (43a)$$
$$\delta \dot{w}_2 \neq 0 \qquad (43b)$$

und beliebig

Die in (18a,b) bei diesen Termen stehenden Faktoren müssen verschwinden. Deshalb ist es möglich noch fehlende Randbedingungsgleichungen zu ermitteln.

Man erhält:

Aus (40a),(18a)

$$-2C_3(\dot{w}_1 + \dot{w}_B) - 2C_1 R \dddot{w}_1 = 0$$

mit (30) und da $\dot{w}_B(0) = 0$

$$2C_1 R \dddot{w}_1 = Q_{I1}(0) = 0 \qquad (44)$$

Genauso erhält man mit (31),(40b) aus (18a)

$$2C_2 R \dddot{w}_2 = Q_{I2}(0) = 0 \qquad (45)$$

und entsprechend mit (32),(41) aus (18b)

$$2C_1 R(\dddot{w}_1 + \dot{w}_1) = 2C_2 R(\dddot{w}_2 + \dot{w}_2) = Q_{II}(\pi) = 0 \qquad (46)$$

Aus (44),(45) und (46) kann man ersehen, daß die 3ten Ableitungen der w-Verschiebungen im Symmetrieschnitt verschwinden. Diese Tatsache kann nachher zur Bestimmung der Integrationskonstanten herangezogen werden. Da der Winkel $\varphi = \varphi_0$ sowohl zu Bereich I als auch zu Bereich II gehört, müssen hier die Variationen der Potentiale zusammengefaßt werden.

Mit
$$\delta\Pi = \delta\Pi_I + \delta\Pi_{II} = 0 \qquad (47)$$

folgt aus (33),(42a) und (18a,b)

$$-2C_3(\dot{w}_{I1} + \dot{w}_B) - 2C_1R\,\dddot{w}_{I1} + 2C_1R(\dddot{w}_{II1} + \dot{w}_{II1}) = 0$$

oder

$$-N(\dot{w}_{I1} + \dot{w}_B) - Q_{I1}(\varphi) + Q_{II2}(\varphi) = 0 \qquad (48)$$

und ebenso mit (34),(42b)

$$2C_3(\dot{w}_{I2} + \dot{w}_B) - 2C_2R\,\dddot{w}_{I2} + 2C_2R(\dddot{w}_{II2} + \dot{w}_{II2}) = 0$$

oder

$$N(\dot{w}_{I2} + \dot{w}_B) - Q_{I2}(\varphi) + Q_{II2}(\varphi) = 0 \qquad (49)$$

Für die Momentenbeziehung an dieser Stelle findet man mit (35),(36),(43a,b) aus (18a,b)

für den Innenring:

$$2C_1R\,\ddot{w}_{I1} - 2C_1R(\ddot{w}_{II1} + w_{II1}) = 0$$

oder

$$M_{I1}(\varphi) - M_{II1}(\varphi) = 0 \qquad (50)$$

und für den Außenring:

$$2C_2R\,\ddot{w}_{I2} - 2C_2R(\ddot{w}_{II2} + w_{II2}) = 0$$

oder

$$M_{I2}(\varphi) - M_{II2}(\varphi) = 0 \qquad (51)$$

Die bis jetzt gefundenen Randbedingungen erlauben das
Bestimmen der Transversalitätsbedingung (das Verschwinden der Klammer bei $\delta\varphi_o$ in (47)). Die Beziehungen (39),(48)
und (49) sowie (33) bis (38) werden gleich eingearbeitet.
Dabei wählt man $w_{1;2} = 0$ für $\varphi = \varphi_o$ d.h. $A_1 = 0$.
Damit ergibt sich:

$$C_1 R \, \ddot{w}_{I1}^2 + C_2 R \, \ddot{w}_{I2}^2 - 2C_1 R \, \ddot{w}_{I1}^2 - 2C_2 R \, \ddot{w}_{I2}^2$$

$$- C_1 R \, \ddot{w}_{II1}^2 - C_2 R \, \ddot{w}_{II2}^2 + 2C_1 R \, \ddot{w}_{II1}^2 + 2C_2 R \, \ddot{w}_{II2}^2 = 0$$

an der Stelle $\varphi = \varphi_o$.

Nach entsprechendem Ordnen erhält man:

$$- C_1 R (\ddot{w}_{I1}^2 - \ddot{w}_{II1}^2) - C_2 R (\ddot{w}_{I2}^2 - \ddot{w}_{II2}^2) = 0$$

Daraus folgt als physikalisch einzig sinnvolles
Lösungspaar dieser Gleichung

$$\ddot{w}_{I1} = \ddot{w}_{II1} \qquad (52a)$$

$$\text{und} \quad \ddot{w}_{I2} = \ddot{w}_{II2} \qquad (52b)$$

Die Beziehungen (52a),(52b) erfüllen auch die
Gleichungen (50) und (51). Im anliegenden Bereich stimmen
per definitionem die Radialverschiebungen und ihre Ableitungen für alle φ, also auch für φ_o, überein.
Deshalb kann man als Transversalitätsbedingung schreiben

$$\ddot{w}_{I1} = \ddot{w}_{I2} \qquad (53)$$

Die Ergebnisse von § 4.5 sind in Bild 9 zusammengefaßt.

4.5.1 Ermittlung der Integrationskonstanten

In /17/ wurde die Lösung des Kontaktproblems mit Hilfe von Gleichgewichtsbedingungen gefunden. Mit Hilfe der Variationsrechnung wurde bis jetzt gezeigt, daß diese Form der Gleichgewichtsbedingungen ihre Berechtigung hatte. Deshalb erfolgt die Bestimmung der Konstanten in Anlehnung an /17/.

Zusammenstellung der Verschiebungen und deren erforderliche Ableitungen im Bereich I.

$$w_{I1} = D_{I1} + D_{I2}\varphi + D_{I3}\cos(\omega_1\varphi) + D_{I4}\sin(\omega_1\varphi) + \frac{R}{2}\varphi^2$$

$$\dot{w}_{I1} = \quad D_{I2} - D_{I3}\omega_1\sin(\omega_1\varphi) + D_{I4}\omega_1\cos(\omega_1\varphi) + R\varphi$$

$$\ddot{w}_{I1} = \quad - D_{I3}\omega_1^2\cos(\omega_1\varphi) - D_{I4}\omega_1^2\sin(\omega_1\varphi) + R$$

$$\dddot{w}_{I1} = \quad D_{I3}\omega_1^3\sin(\omega_1\varphi) - D_{I4}\omega_1^3\cos(\omega_1\varphi)$$

$$w_{I2} = D_{I5} + D_{I6}\varphi + D_{I7}ch(\omega_2\varphi) + D_{I8}sh(\omega_2\varphi) + \frac{R}{2}\varphi^2$$

$$\dot{w}_{I2} = \quad D_{I6} + D_{I7}\omega_2 sh(\omega_2\varphi) + D_{I8}\omega_2 ch(\omega_2\varphi) + R\varphi$$

$$\ddot{w}_{I2} = \quad D_{I7}\omega_2^2 ch(\omega_2\varphi) + D_{I8}\omega_2^2 sh(\omega_2\varphi) + R$$

$$\dddot{w}_{I2} = \quad D_{I7}\omega_2^3 sh(\omega_2\varphi) + D_{I8}\omega_2^3 ch(\omega_2\varphi)$$

Mit (30), (31), (44) und (45) findet man

$$D_{I2} = D_{I4} = D_{I6} = D_{I8} = 0 \qquad (54)$$

Mit den übrigen in Bild 9 zusammengestellten Randbedingungen erhält man nach einigen Umformungen

$$D_{I1} = \frac{b}{A}\alpha^2 ch(\omega_2\varphi_0) - \frac{R}{2}\varphi_0^2 \qquad (\alpha^2 = \frac{C_1}{C_2} = \frac{J_1 E_1}{J_2 E_2}) \qquad (55)$$

$$D_{I5} = -\frac{b}{A} ch(\omega_2\varphi_0) - \frac{R}{2}\varphi_0^2 \qquad (56)$$

$$D_{I3} = -\frac{b}{A}\alpha^2 \frac{ch(\omega_1\varphi_0)}{cos(\omega_1\varphi_0)} \qquad (57)$$

$$D_{I7} = \frac{b}{A} \qquad (58)$$

mit $\qquad A = ch(\omega_2\varphi_0)(\frac{\alpha^2}{cos(\omega_1\varphi_0)} - \alpha^2 - 1) + 1 \qquad (59)$

Diese Konstanten haben noch eine andere Form als die entsprechenden in /17/. Deshalb werden sie im folgenden umgeformt.

Es gilt: $\qquad M_1 = 2C_1 R^2 \ddot{w}_{I1} \qquad$ bei $\varphi = \varphi_0$.

somit $\qquad \dfrac{M_1}{2C_1 R^2} = \dfrac{b}{A}\alpha^2 \dfrac{ch(\omega_2\varphi_0)}{cos(\omega_1\varphi_0)} \omega_1^2 cos(\omega_1\varphi_0) + R$

also $\qquad \dfrac{b}{A} ch(\omega_2\varphi_0) = (\dfrac{M_1}{2C_1 R^2} - R)\dfrac{1}{\alpha^2 \omega_1^2} \qquad (60)$

Die Beziehungen (9a-c) und (20) erlauben die Umformung von (60) zu

$$\frac{b}{A} ch(\omega_2\varphi_0) = (\frac{M_1}{N} - \frac{R}{\omega_1^2})\frac{1}{\alpha^2} \qquad (60a)$$

Damit lassen sich die Verschiebungen endgültig formulieren

$$w_{I1} = (\frac{M_1}{N} - \frac{R}{\omega_1^2})(1 - \frac{cos(\omega_1\varphi)}{cos(\omega_1\varphi_0)}) + \frac{R}{2}(\varphi^2 - \varphi_0^2) \qquad (61)$$

$$w_{I2} = (\frac{M_1}{N} - \frac{R}{\omega_1^2})(\frac{ch(\omega_2\varphi)}{ch(\omega_2\varphi_0)} - 1)\frac{1}{\alpha^2} + \frac{R}{2}(\varphi^2 - \varphi_0^2) \qquad (62)$$

Sie stimmen mit denen in /17/ überein.

Aus der Tangentengleichheit bei $\varphi = \varphi_0$ erhält man eine transzendente Gleichung. Sie liefert einen Zusammenhang zwischen bestimmten Werten von α, ψ und φ_0.

ψ ist die dimensionslose Last.

$$\psi = \frac{NR^2}{J_1 E_1} = \omega_1^2$$

Die Gleichung lautet

$$tg(\omega_1 \varphi_0) = \frac{1}{\alpha} th(\alpha \omega_1 \varphi_0) \tag{63}$$

Man kann schreiben

$$\omega_1 \varphi_0 = \sqrt{\psi}\, \varphi_0 = \sqrt{k}$$

und für (63)

$$tg(\sqrt{k}) = \frac{1}{\alpha} th(\alpha \sqrt{k}) \tag{63a}$$

Für jedes vorgegebene α erhält man einen ganz bestimmten Wert für $\sqrt{k}$ im Bereich $\pi \leq \sqrt{k} \leq 4.4934$.
$\sqrt{k} = 0$ ist Triviallösung und wird hier nicht berücksichtigt.
Die Bilder 10 und 11 zeigen den funktionalen Zusammenhang zwischen k und α. Insbesondere interessieren die beiden Grenzwerte für $\sqrt{k}$.

$$\sqrt{k} = \pi \quad \text{für "Marman"} \quad (\alpha \to \infty)$$
$$\sqrt{k} = 4.4934 \quad \text{für "Liner"} \quad (\alpha = 0)$$

Sie schließen alle möglichen α-Werte ein.
Damit kann man bei bekanntem Steifigkeitsverhältnis α^2 und bekanntem Beulwinkel φ_0 den Kraftbeiwert ψ bzw. die Traglast N berechnen. Die Größe des Beulwinkels φ_0 hängt eindeutig von α und der Störkörpergröße b ab. In der Praxis ist die Größe von φ_0 im allgemeinen nicht bekannt, wohl aber die Größe von b.
Deshalb wird im folgenden noch der Zusammenhang zwischen b und φ_0 mit α als Parameter hergeleitet.

Für den anliegenden Bereich wird die Lösung aus /16/ übernommen. Dort wurde der Zusammenhang des Biegemomentes M_1 mit dem Beulwinkel φ_0 aus den Maxwell-Mohrschen Integralen gefunden.

Bei gegebenem Verdrehwinkel $\emptyset$ gilt:

$$M_1 = -\frac{\emptyset}{\gamma_0}\frac{JE}{R} \quad \text{oder} \quad \frac{M_1}{RN} = -\frac{\eta}{\omega_1^2}$$

mit $\eta = \frac{\emptyset}{\gamma_0}$

und

$$\gamma_0 = \frac{\frac{(\pi-\varphi_0)^2}{2} - \frac{\pi-\varphi_0}{4}\sin(2\varphi_0) - \sin^2\varphi_0}{\pi - \varphi_0 + \frac{\pi-\varphi_0}{2}\cos(2\varphi_0) + \frac{3}{4}\sin(2\varphi_0)} \quad (64)$$

4.6 Herleitung des Zusammenhanges zwischen Störgröße und Beulwinkel oder Traglast

Mit den bisher gefundenen Beziehungen (61),(62),(63) und (64) können die Gleichungen

$$\frac{b}{R} = f(\varphi_0) \quad \text{und somit auch}$$

$$\psi = f(\varphi_0)$$

hergeleitet werden. Für die Symmetrieachse ($\varphi = 0$) gilt.

$$\frac{b}{R} = \frac{1}{R}(w_{I2} - w_{I1}) \quad \text{oder}$$

$$\frac{b}{R} = \frac{\varphi_0^2}{k}(1+\eta)\left[\frac{1}{\alpha^2}(1 - \frac{1}{\text{ch}(\alpha\sqrt{k})}) + 1 - \frac{1}{\cos(\sqrt{k})}\right] \quad (65)$$

für $\varphi = \varphi_0$ gilt

$$\emptyset = \frac{1}{R}\dot{w}_{I1}$$

oder

$$\emptyset = \frac{1 - \frac{\text{tg}\sqrt{k}}{\sqrt{k}}}{1 + \frac{\varphi_0}{\gamma_0}\frac{\text{tg}\sqrt{k}}{\sqrt{k}}} \cdot \varphi_0 \quad (66)$$

Mit (66) ist $\frac{b}{R}$ nur noch vom Beulwinkel φ_o abhängig

$$\frac{b}{R} = \frac{\varphi_o^2}{k}\left(\frac{1 + \frac{\varphi_o}{\gamma_o}}{1 + \frac{\varphi_o \operatorname{tg}\sqrt{k}}{\gamma_o \sqrt{k}}}\right)\left[\frac{1}{\alpha^2}\left(1 - \frac{1}{\operatorname{ch}(\alpha\sqrt{k})}\right) + 1 - \frac{1}{\cos(\sqrt{k})}\right] \quad (67)$$

Die Gleichung (63) enthält schon implizit den Zusammenhang zwischen Beulwinkel und Traglast. In Bild 12 sind die Zusammenhänge zwischen Störgröße, Beulwinkel und Traglast für eine konstant bleibende Vorspannung dargestellt.
Für die Grenzfälle "Marman" und "Liner" ergeben sich folgende Lösungen.

"Marman"

$\alpha = \infty \longrightarrow K = \pi^2$ (aus 63a)

$\emptyset = \varphi_o$ \hfill (66a)

$\frac{b}{R} = 2\left(1 + \frac{\varphi_o}{\gamma_o}\right)\left(\frac{\varphi_o}{\pi}\right)^2$ \hfill (67a)

"Liner"

$\alpha = 0 \longrightarrow K = 20{,}19$ (aus 63a)

$\emptyset = 0$ \hfill (66b)

$\frac{b}{R} = \left(\frac{1}{2} + \frac{1}{K} - \frac{1}{K\cos(\sqrt{k})}\right)\varphi_o^2$

$\frac{b}{R} = 0{,}777\,\varphi_o^2$ \hfill (67b)

4.7 Der vorgespannte Doppelring

Bisher wurde der Gleichgewichtsfall bei konstant bleibender Vorspannkraft betrachtet. Beim "Temperaturbeulen" oder bei der Schrumpfverbindung bleibt die Vorspannung nicht konstant, sondern nimmt während des Beulvorganges ab. Es besteht die Möglichkeit, von der konstanten Beullast, die zum Versagen der Konstruktion führt, auf die ursprünglich vorhandene Last zurückzurechnen, die auch, trotz Entspannung, ein Beulen des Innenringes verursacht. Dieser Gedankengang wurde schon in § 4. beschrieben. Die Längskraft in den Ringen entspannt sich um ΔN.

$$N = \hat{N} - \Delta N \qquad (68)$$

$\hat{N}$ ist die ursprüngliche Längskraft.
Die Entspannung ΔN wird durch die Längenänderung λ verursacht.

$$\lambda = R \pi \Delta N \frac{1}{A_1 E_1} (1 + \frac{A_1 E_1}{A_2 E_2}) \qquad \text{oder}$$

$$\Delta N = \frac{\lambda}{R \pi} \frac{A_1 E_1}{1 + \frac{A_1 E_1}{A_2 E_2}} \qquad (69)$$

Für beide Ringe wird das gesamte Potential aufgestellt. Im Gegensatz zu § 4.3 tauchen jetzt nur innere Energien auf, weil der Trennquerschnitt entfällt und somit keine äußere Kraft angreift. Das Potential besteht aus Dehn- und Biegeenergie im Innen- und Außenring. Für die Dehnenergie gilt

$$\Pi_D = \frac{1}{2} N \Delta l \qquad \text{mit} \qquad (70)$$

$$\Delta l = N \frac{2 \pi R}{AE}$$

$$\Pi_D = \frac{1}{2} N^2 \frac{2 \pi R}{AE} \qquad (71)$$

Mit (68) und (69) wird (71) zu

$$\Pi_D = \pi R \left(\hat{N} - \frac{\lambda}{\pi R} \frac{A_1 E_1}{1 + \frac{A_1 E_1}{A_2 E_2}}\right)^2 \left(\frac{1}{A_1 E_1} + \frac{1}{A_2 E_2}\right) \qquad (72)$$

Für die Längenänderung λ ist Gleichung (6) einzusetzen.

$$\lambda = \frac{1}{2R} \int_0^{\varphi_o} (\dot{w}_{I1}^2 + 2\dot{w}_{I1}\dot{w}_B - 2\dot{w}_{I2}\dot{w}_B - \dot{w}_{I2}^2) \, d\varphi \qquad (6)$$

Mit den Gleichungen (19),(61) und (62) ergibt sich für λ eine Gleichung, die nur noch von φ_o abhängig ist.

$$\lambda = R \, \varphi_o^3 \left(1 + \frac{\emptyset}{y_o}\right)^2 \frac{\vartheta}{2K} \quad \text{mit} \qquad (73)$$

$$\vartheta = \frac{1}{\cos^2\sqrt{K}} \left(\frac{1}{2} - \frac{\sin 2\sqrt{K}}{4\sqrt{K}}\right) - \frac{1}{\alpha^2 \text{ch}^2 \alpha\sqrt{K}} \left(\frac{\text{sh } 2\alpha\sqrt{K}}{4\alpha\sqrt{K}} - \frac{1}{2}\right) \qquad (74)$$

Für die Grenzfälle wird λ zu

$$\lambda = \frac{R\varphi_o^3}{4\pi^2} \left(1 + \frac{\varphi_o}{y_o}\right)^2 \qquad \begin{array}{c}(\alpha = \infty)\\ \text{"Marman"}\end{array} \qquad (73a)$$

und

$$\lambda = \frac{1}{12} R \, \varphi_o^3 \qquad \begin{array}{c}(\alpha = 0)\\ \text{"Liner"}\end{array} \qquad (73b)$$

Mit den Gleichungen (73) ergibt sich die erste Ableitung des Dehnpotentials zu:

$$\frac{\partial \Pi_D}{\partial \varphi_o} = -2\hat{N}\dot{\lambda} + \frac{2\lambda\dot{\lambda}}{\pi R} \cdot \frac{(AE)_1}{1 + \frac{(AE)_1}{(AE)_2}} \qquad (75)$$

Die Biegeenergie für beide Ringe wird mit folgender Gleichung ermittelt.

$$\Pi_B = \int_0^\varphi \frac{(JE)_1}{R^3} \ddot{w}_{I1}^2 \, d\varphi + \int_0^\varphi \frac{(JE)_2}{R^3} \ddot{w}_{I2}^2 \, d\varphi - (M_1 + M_2) \emptyset \qquad (76)$$

Nach Lösung der Integrale mit (61) und (62) wird die erste Ableitung des Biegepotentials zu

$$\frac{\partial \Pi_B}{\partial \varphi_0} = \frac{(JE)_1}{R} \left\{ \bar{\vartheta}\left[2(1+\eta)\dot{\eta}\varphi_0+(1+\eta)\right] - \left[2\dot{\eta}\varphi_0+2(1+\eta)\right]\left(\frac{tg\sqrt{K}}{\sqrt{K}} + \frac{th\,\alpha\sqrt{K}}{\alpha^3\sqrt{K}}\right)\right.$$

$$\left. + (1+\dot{\eta}\emptyset+\eta\dot{\emptyset})(1 + \frac{1}{\alpha^2})\right\} \qquad \text{mit} \qquad (77)$$

$$\bar{\vartheta} = \frac{1}{\cos^2\sqrt{K}}(\frac{1}{2} + \frac{\sin 2\sqrt{K}}{4\sqrt{K}}) + \frac{1}{\alpha^2 ch^2\alpha\sqrt{K}}(\frac{1}{2} + \frac{sh\,2\alpha\sqrt{K}}{4\alpha\sqrt{K}}) \qquad (78)$$

Aus $\quad \dfrac{\partial \Pi}{\partial \varphi_0} = \dfrac{\partial \Pi_B}{\partial \varphi_0} + \dfrac{\partial \Pi_D}{\partial \varphi_0} = 0$

ergibt sich der Lastbeiwert $\hat{\psi}$ für die ursprünglich vorhandene Vorspannung des sich entlastenden Systems.

$$\hat{\psi} = \frac{\vartheta}{2\pi K}(1+\eta)^2 \varphi_0^3 \frac{\frac{A_1 R^2}{J_1}}{1 + \frac{(AE)_1}{(AE)_2}} \qquad (79)$$

$$+ \frac{K}{\varphi_0^2} \cdot \frac{\bar{\vartheta}\left[2(1+\eta)\dot{\eta}\varphi_0+(1+\eta)^2\right] - 2\left[\dot{\eta}\varphi_0+(1+\eta)\right]\left(\frac{tg\sqrt{K}}{\sqrt{K}} + \frac{th\,\alpha\sqrt{K}}{\alpha^3\sqrt{K}}\right) + (1+\dot{\eta}\emptyset+\eta\dot{\emptyset})(1+\frac{1}{\alpha^2})}{\bar{\vartheta}\left[3(1+\eta)^2 + 2\varphi_0\dot{\eta}(1+\eta)\right]}$$

Mit $\quad \dot{\eta} = \dfrac{\dot{\emptyset}\gamma_0 - \emptyset\dot{\gamma}_0}{\gamma_0^2} \quad$ und

$\gamma_0 = \pi^2(3\pi + 9\varphi_0)^{-1} \quad$ gute Näherung bis $\varphi_0 = 15°$

$$\dot{\gamma}_o = -9\pi^2(3\pi+9\,\varphi_o)^{-2}$$

$$\dot{\emptyset} = \frac{(1-\dfrac{tg\sqrt{K}}{\sqrt{K}})(1-\dfrac{tg\sqrt{K}}{\sqrt{K}} \cdot \dfrac{\varphi_o^2}{\gamma_o(\pi/3+\varphi_o)})}{(1+\dfrac{tg\sqrt{K}}{\sqrt{K}} \cdot \dfrac{\varphi_o}{\gamma_o})^2}$$

kann, wenn mit Gl.(63a) K als Funktion von α ermittelt ist, für einen Beulwinkel φ_o der Lastbeiwert $\hat{\psi}$ bestimmt werden. Mit Gleichung (67) findet man die zugehörige Störgröße $\dfrac{b}{R}$. Für die Grenzfälle "Marman" und "Liner" ergibt sich (79) zu

$$\hat{\psi} = (\frac{\pi}{\varphi_o})^2 + \frac{1}{4}(\frac{\varphi_o}{\pi})^3 (1+\frac{\varphi_o}{\gamma_o})^2 \frac{\dfrac{A_1 R^2}{J_1}}{1+\dfrac{(AE)_1}{(AE)_2}} \qquad \begin{array}{l}\text{"Marman"}\\ \alpha = \infty\end{array} \qquad (79a)$$

und $\quad \hat{\psi} = \dfrac{20.19}{\varphi_o^2} + \dfrac{\varphi_o^3}{12\pi} \dfrac{A_1 R^2}{J_1} \qquad \begin{array}{l}\text{"Liner"}\\ \alpha = 0\end{array} \qquad (79b)$

Im Bild 13 ist das Ergebnis von § 4.7 dargestellt.

4.8 Versuchsergebnisse

Die Versuchsergebnisse wurden in zwei Versuchseinrichtungen ermittelt. Das Bild 14 zeigt den Versuchsaufbau für den Doppelring, in dem die Traglasten für Ringe mit verschiedenen Steifigkeitsverhältnissen gemessen wurden. Die Bilder 15 und 16 zeigen den "Marman"-Versuch. Das Seil oder der Außenring werden an der der Störung gegenüberliegenden Seite gespannt. Die Störung zwischen Innen- und Außenring oder Seil verursacht das Einbeulen des Innenringes. Die Beullast wird mit einem am Außenring angebrachten DMS-Kraftmesser und einem Meßverstärker mit Speichereinheit erfaßt. Bei ersten Vorversuchen wurde ein zu starkes Abflachen des Ringes im Beulbereich festgestellt. Diese Erscheinung wurde auf die durch das Biegen eines Bandstahls zum Ring entstandene Eigenspannung zurückgeführt. Durch eine Wärmebehandlung wurden die Ringe eigenspannungsfrei geglüht (Bild 14). Für den eigenspannungsfreien Doppelring wurden deutlich höhere Beullasten gemessen. Die Beulformen in Bild 15 zeigen, daß der Außenring die Störstelle nicht mehr geradlinig, sondern bogenförmig überquert. Für jede Störgröße wurden mehrere Belastungsversuche durchgeführt. Es wurde keine merkliche Streuung in den Meßwerten festgestellt, so daß die Meßwerte als verläßlich angesehen werden können.

Im Bild 18 sind Meßergebnisse ausgewertet. Für die Steifigkeitsverhältnisse α = 0.1178, 0.2714, 0.7155 sind die Versuchsringe im Belastungsrahmen, der im Bild 14 gezeigt wird, untersucht worden. Die Meßergebnisse für $\alpha = \infty$ (Marman) wurden mit dem in Bild 15 gezeigten Versuchsaufbau ermittelt. Für alle vier Versuchsreihen kann eine gute Übereinstimmung zwischen der Theorie und den Meßwerten festgestellt werden. Reibungseinflüsse zwischen Seil und Ring waren im Versuchsaufbau Bild 15 nicht zu berücksichtigen, weil die Seilkraft genau an der Störstelle gemessen wurde. Die Reibung zwischen den Ringen und der Unterlage wurde durch Rollenlager so stark herabgesetzt, daß sie keinen merklichen Einfluß auf die Meßergebnisse hatte. Im "Doppelring"-Versuch Bild 14 konnte die Beullast nicht an der Störstelle ermittelt werden. Der Reibungseinfluß zwischen den Ringen wurde über die Bestimmung des Reibungskoeffizienten (Messen der Ringkraft an zwei Stellen des Umfanges) eliminiert, so daß auch diese Versuchsergebnisse die tatsächlichen Beullasten darstellen.

Der Entwurf, die Durchführung, die Auswertung der Versuche sowie der Vergleich mit der Theorie ist die gewissenhafte Arbeit von Herrn cand. Ing. Jürgen Hein. Bei der Weiterentwicklung der mathematischen Ableitungen leistete er ebenfalls wertvolle Beiträge.

5. Literaturverzeichnis

/1/ Mayer, R.
Knickfestigkeit, Berlin, Springer 1921

/2/ Chwalla, E. - Kollbrunner, C.F.
Beiträge zum Knickproblem des Bogenträgers und des Rahmens
Der Stahlbau 11 (1938) S.73

/3/ Ratzersdorfer, J.
Über die Stabilität des Kreisringes in seiner Ebene
Zeitschrift des Österr. Ing.- und Arch.-Vereins 21/22 (1938) S.146

/4/ Bergmann, St.G.A.
Thermal Buckling of Circular Cylindrical Shells Subjected to External Constraints (schwedisch)
Tekniska Skrifter, hrsg. v. Svenska Teknolog foreningen 127
Stockholm 1946

/5/ Link, H.
Über den Kreisringträger mit begrenzter Verformung bei überkritischem Außendruck
Ingenieur-Archiv 23 (1955) S.36

/6/ Chwalla, E. - Steiner, H.
Über das Einbeulen von Druckschachtpanzerungen
Österr. Bauzeitschrift 12 (1957) S.57

/7/ Mettler, E.
Eine Bemerkung zur Frage des Beulens ummantelter Schalen
Der Bauingenieur 38 (1963) Heft 8, S. 309-311

/8/ Link, H.
Beitrag zum Knickproblem des elastisch gebetteten Kreisbogenträgers
Der Stahlbau 32 (1963) S. 199

/9/ Chan, H.C. - McMinn, S.J.
The Stability of a Uniformly Compressed Ring Surrounded by a Rigid Circular Surface
Intern. Journ. Mech. Sci. 8, 1966, pp. 433-442

/10/ Britvec, S.J.
Sur le flambage thermique des anneaux et des coques cylindriques précontraints
Journal de Mécanique 5, 1966, No. 4

/11/ Hain, H.
Zur Stabilität elastisch gebetteter Kreisringe und Kreiszylinderschalen
Mitteilungen des Instituts für Statik der TU Hannover
MTNR 12, 1968

/12/ El-Bayoumy, L.
Buckling of a Circular Elastic Ring Confined to a Uniformly Contracting Circular Boundary
Transactions of the ASME, Sept. 1972, pp. 758-766

/13/ Elkon, Y.
Studies on the Instability of Circular Rings
AFOSR 64-1843, ASRL Technical Report 119-1, MTT June 1964

/14/ Pflüger, A.
Stabilitätsprobleme der Elastostatik
Berlin-Heidelberg-New York 1975^3

/15/ Hain, H. - Falter, B.
Zum Stabilitätsproblem des starr oder elastisch gebetteten Kreisringes infolge gleichmäßiger Temperaturerhöhung
Pflüger-Festschrift Hannover 1977

/16/ Üry, H.
Die Tragfähigkeit eines dünnwandigen durch ein vorgespanntes Seil umgebenen Kreisringes
Diss. TU München 1976

/17/ Üry, H.
Die Stabilität eines vorgespannten Doppelmanteltanks mit elastischer Zwischenschicht
1. Mitteilung aus dem Institut für Leichtbau
RWTH Aachen, 1978, S. 268

/18/ Öry, H.
Leichtbau I und II, Vorlesung an der RWTH Aachen 1977

/19/ Elsgolc, L.E.
Variationsrechnung
Hochschultaschenbücher-Verlag Nr. 431/431a

/20/ Nusayr, A.M. - Paslay, P.R.
Buckling of an Infinite Sheet with a One-Sided Constraint
Transactions of the ASME, March 1972, pp. 302-303

Abbildungen

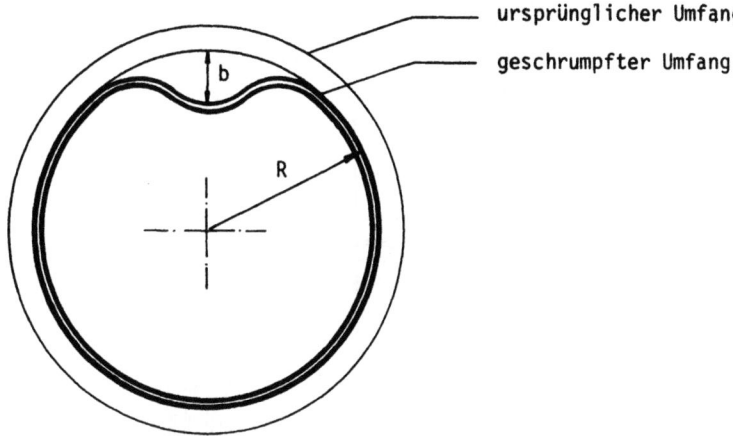

Bild 1: Die Metallauskleidungen im Betonrohr

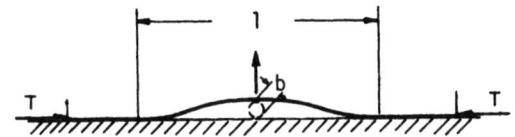

Bild 2: Das "Blättern in einem Buch"

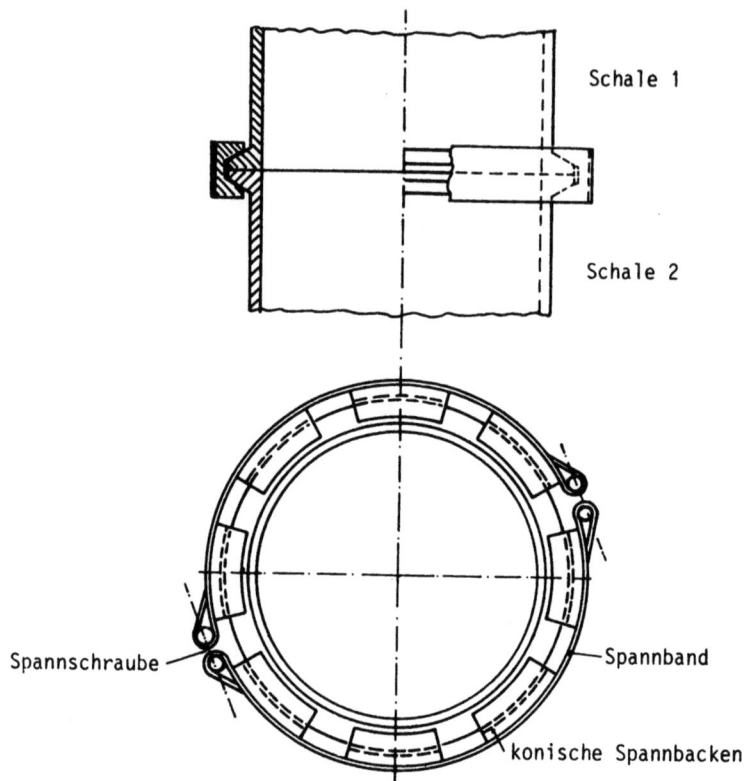

Bild 3a: Die Verbindung zweier Schalen durch das Marmanband

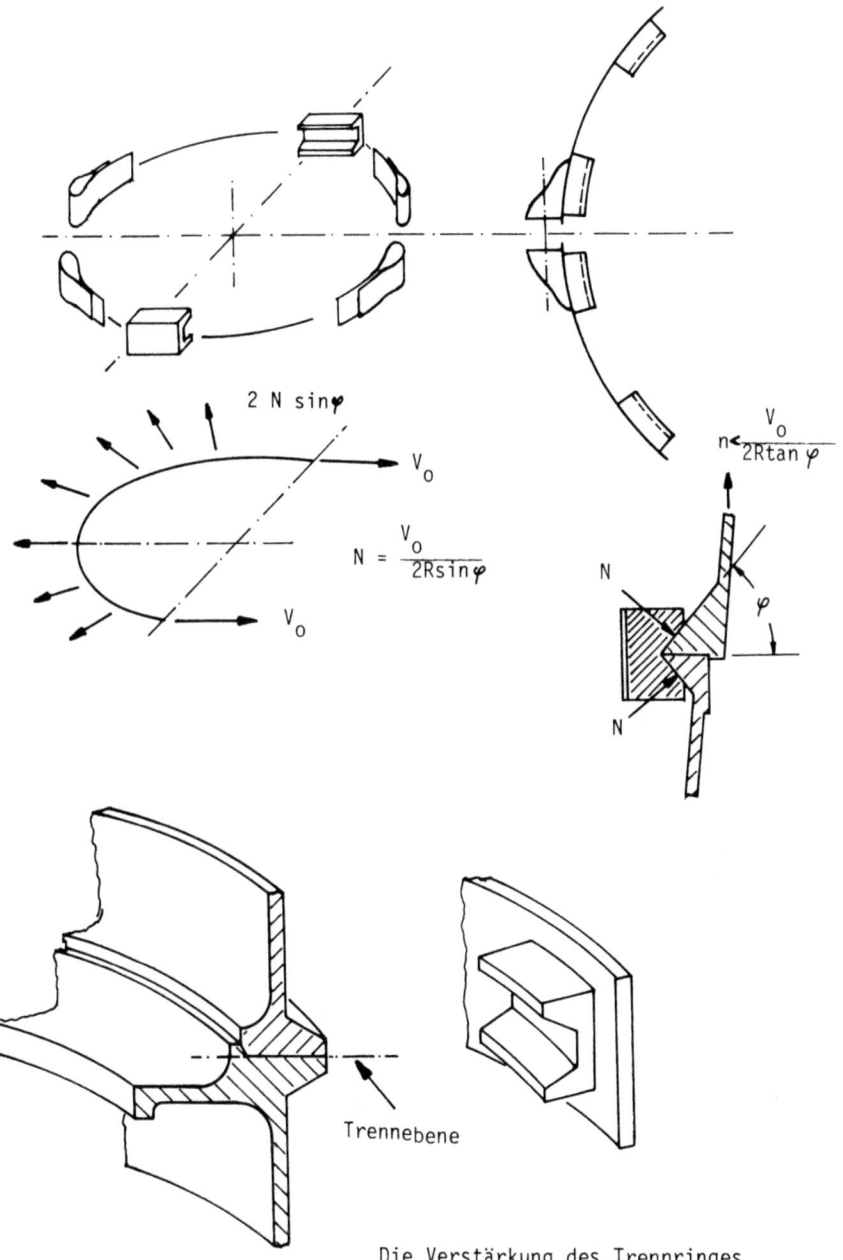

Die Verstärkung des Trennringes

Bild 3b: Die Verbindung zweier Schalen durch das Marmanband

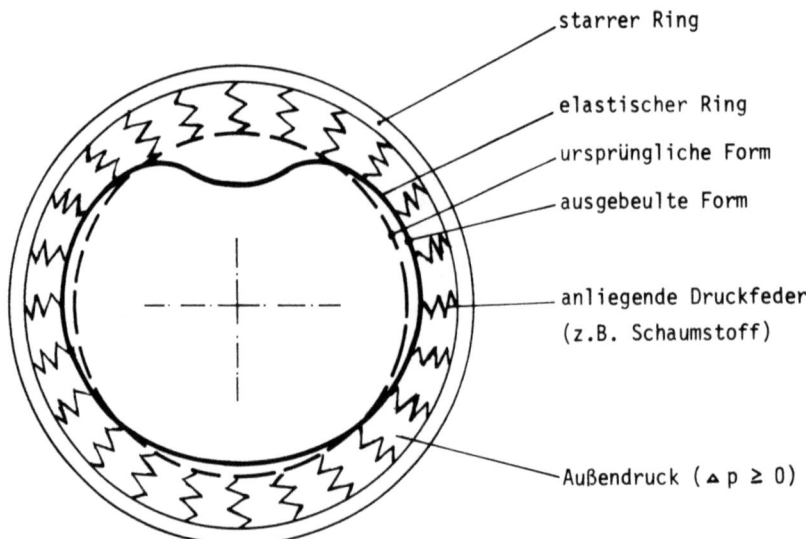

Bild 4: Der durch einfach anliegende Radialfedern gestützte Kreisring mit oder ohne hydrostatischen Außendruck.

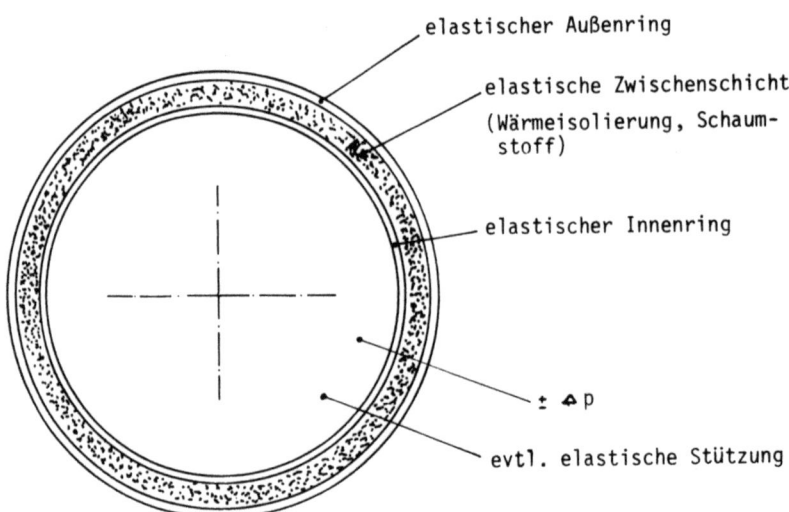

Bild 5: Zwei unter Vorspannung ineinander gesteckte, elastische Kreisringe, mit oder ohne elastische Zwischenschicht.
Das System kann unter Innen- oder Außendruck stehen und innen oder außen elastisch gestützt sein.

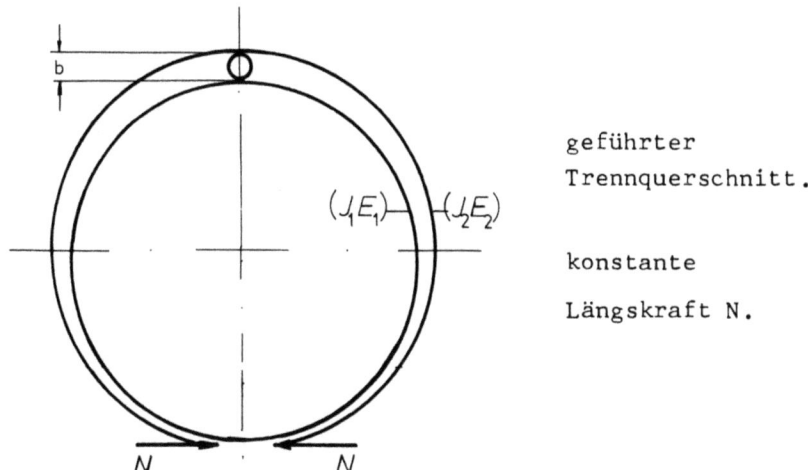

geführter Trennquerschnitt.

konstante Längskraft N.

Bild 6 : Idealisiertes Denkmodell nach ELKON (13)

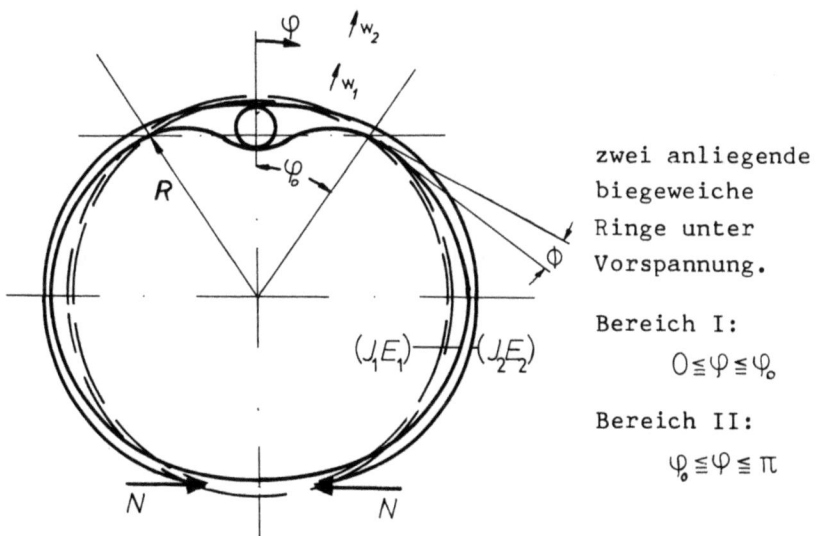

zwei anliegende biegeweiche Ringe unter Vorspannung.

Bereich I:
$$0 \leq \varphi \leq \varphi_0$$

Bereich II:
$$\varphi_0 \leq \varphi \leq \pi$$

Bild 7: Kritischer Zustand des Systems

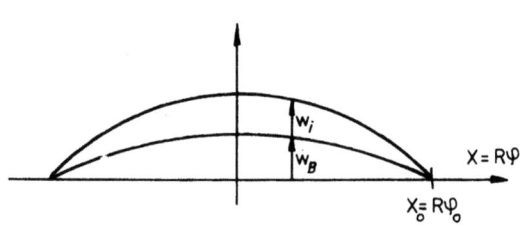

$\hat{w} = w_i + w_B$

w_B : flacher Kreisbogen

$$w_B = \frac{R\varphi_0^2}{2}\left(1 - \frac{\varphi^2}{\varphi_0^2}\right)$$

Verkürzung eines Ringes:

$$\Delta L_i = L_{VOR} - L_{NACH} = \frac{1}{2R}\int_{-\varphi_0}^{\varphi_0} \dot{w}_B^2\, d\varphi - \frac{1}{2R}\int_{-\varphi_0}^{\varphi_0} \dot{\hat{w}}^2\, d\varphi$$

$$= \frac{1}{2R}\int_{-\varphi_0}^{\varphi_0} (\dot{w}_B^2 - \dot{\hat{w}}_i^2)\, d\varphi$$

relative Verkürzung zweier Ringe:

$$2\lambda = \Delta L_2 - \Delta L_1 = \frac{1}{2R}\int_{-\varphi_0}^{\varphi_0}(\dot{w}_B^2 - \dot{\hat{w}}_2^2)\,d\varphi - \frac{1}{2R}\int_{-\varphi_0}^{\varphi_0}(\dot{w}_B^2 - \dot{\hat{w}}_1^2)\,d\varphi$$

$$= +\frac{1}{2R}\int_{-\varphi_0}^{\varphi_0}(\dot{\hat{w}}_1^2 - \dot{\hat{w}}_2^2)\,d\varphi$$

$$\lambda = \frac{1}{2R}\int_{0}^{\varphi_0}\left[(\dot{w}_1 + \dot{w}_B)^2 - (\dot{w}_2 + \dot{w}_B)^2\right]\,d\varphi$$

Bild 7a:

	$\dfrac{\partial F_{ij}}{\partial w_1}$	$\dfrac{\partial F_{ij}}{\partial \dot{w}_1}$	$\dfrac{\partial F_{ij}}{\partial \ddot{w}_1}$	$\dfrac{d}{d\varphi}\dfrac{\partial F_{ij}}{\partial \dot{w}_1}$	$\dfrac{d}{d\varphi}\dfrac{\partial F_{ij}}{\partial \ddot{w}_1}$	$\dfrac{d^2}{d\varphi^2}\dfrac{\partial F_{ij}}{\partial \ddot{w}_1}$
F_{I1}	-	-	$2C_1\ddot{w}_1 R$	-	$2C_1\dddot{w}_1 R$	$2C_1\ddddot{w}_1 R$
F_{I2}	-	-	-	-	-	-
F_{I3}	-	$2C_3(\dot{w}_1+\dot{w}_B)$	-	$2C_3(\ddot{w}_1+\ddot{w}_B)$	-	-
F_{II1}	$2C_1(\ddot{w}_1+w_1)R$	-	$2C_1(\ddot{w}_1+w_1)R$	-	$2C_1(\dddot{w}_1+\dot{w}_1)R$	$2C_1(\ddddot{w}_1+\ddot{w}_1)R$
F_{II2}	-	-	-	-	-	-

Bild 8a : Ableitungen der Funktionen F_{ij} nach den Verformungen des Innenringes.

	$\dfrac{\partial F_{ij}}{\partial w_2}$	$\dfrac{\partial F_{ij}}{\partial \dot{w}_2}$	$\dfrac{\partial F_{ij}}{\partial \ddot{w}_2}$	$\dfrac{d}{d\varphi}\dfrac{\partial F_{ij}}{\partial \dot{w}_2}$	$\dfrac{d}{d\varphi}\dfrac{\partial F_{ij}}{\partial \ddot{w}_2}$	$\dfrac{d^2}{d\varphi^2}\dfrac{\partial F_{ij}}{\partial \ddot{w}_2}$
F_{I1}	$2C_2 \ddot{w}_2$	–	–	–	–	–
F_{I2}	–	–	$2C_2 \ddot{w}_2 R$	–	$2C_2 \dddot{w}_2 R$	$2C_2 \ddddot{w}_2 R$
F_{I3}	–	$-2C_3(\dot{w}_2 + \dot{w}_B)$	–	$-2C_3(\ddot{w}_2 + \ddot{w}_B)$	–	–
F_{II1}	–	–	–	–	–	–
F_{II2}	$2C_2(\ddot{w}_2 + w_2)R$	–	$2C_2(\ddot{w}_2 + w_2)R$	–	$2C_2(\dddot{w}_2 + \dot{w}_2)R$	$2C_2(\ddddot{w}_2 + \ddot{w}_2)R$

Bild 8b : Ableitungen der Funktionen F_{ij} nach den Verformungen des Aussenringes.

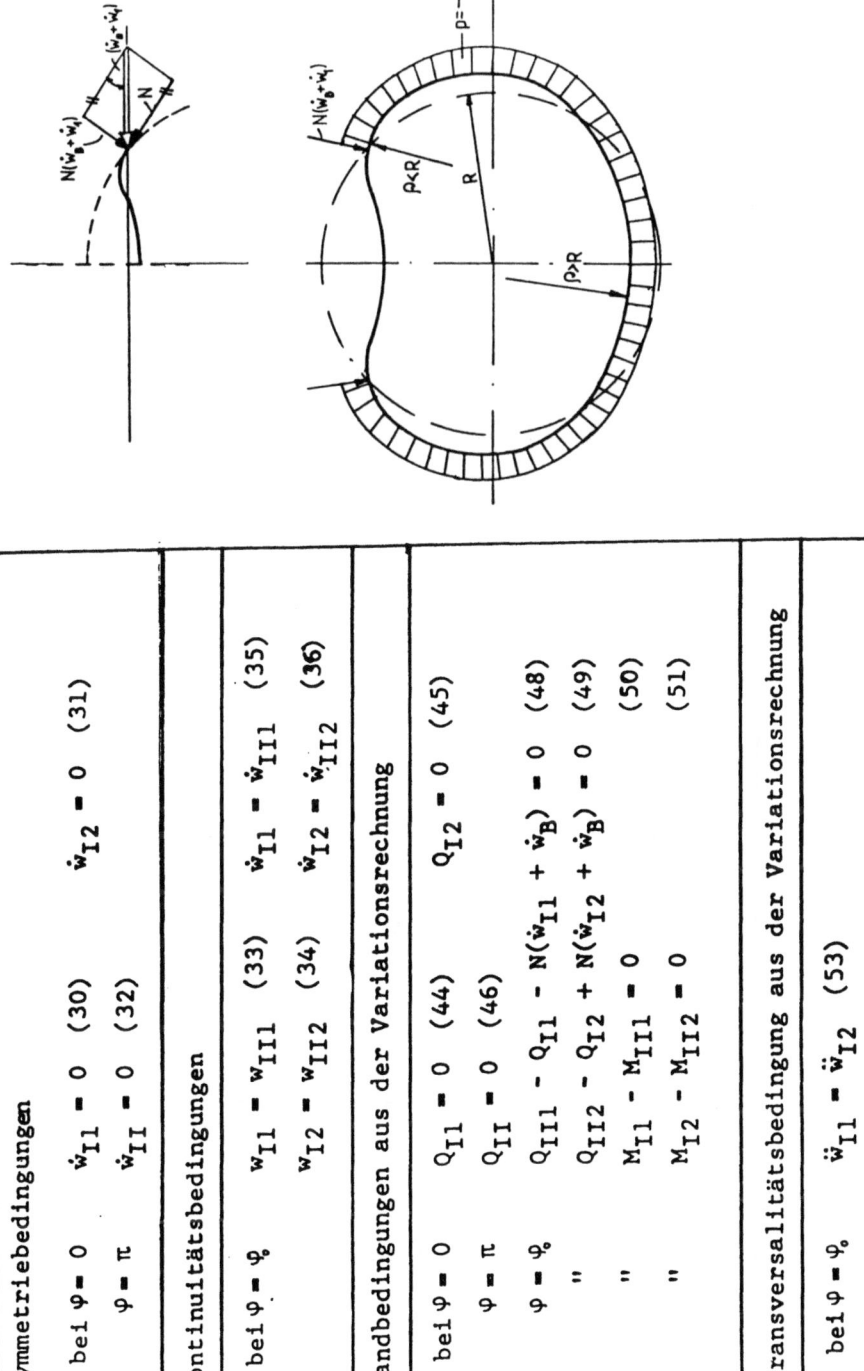

Symmetriebedingungen			
bei $\varphi = 0$	$w_{I1} = 0$ (30)	$\dot{w}_{I1} = 0$ (31)	
$\varphi = \pi$	$\dot{w}_{II} = 0$ (32)		

Kontinuitätsbedingungen		
bei $\varphi = \varphi_0$	$w_{I1} = w_{II1}$ (33)	$\dot{w}_{I1} = \dot{w}_{II1}$ (35)
	$w_{I2} = w_{II2}$ (34)	$\dot{w}_{I2} = \dot{w}_{II2}$ (36)

Randbedingungen aus der Variationsrechnung		
bei $\varphi = 0$	$Q_{I1} = 0$ (44)	$Q_{I2} = 0$ (45)
$\varphi = \pi$	$Q_{II} = 0$ (46)	
$\varphi = \varphi_0$	$Q_{II1} - Q_{I1} - N(\dot{w}_{I1} + \dot{w}_B) = 0$ (48)	
"	$Q_{II2} - Q_{I2} + N(\dot{w}_{I2} + \dot{w}_B) = 0$ (49)	
"	$M_{I1} - M_{II1} = 0$ (50)	
"	$M_{I2} - M_{II2} = 0$ (51)	

Transversalitätsbedingung aus der Variationsrechnung	
bei $\varphi = \varphi_0$	$\ddot{w}_{I1} = \ddot{w}_{I2}$ (53)

Bild 9:

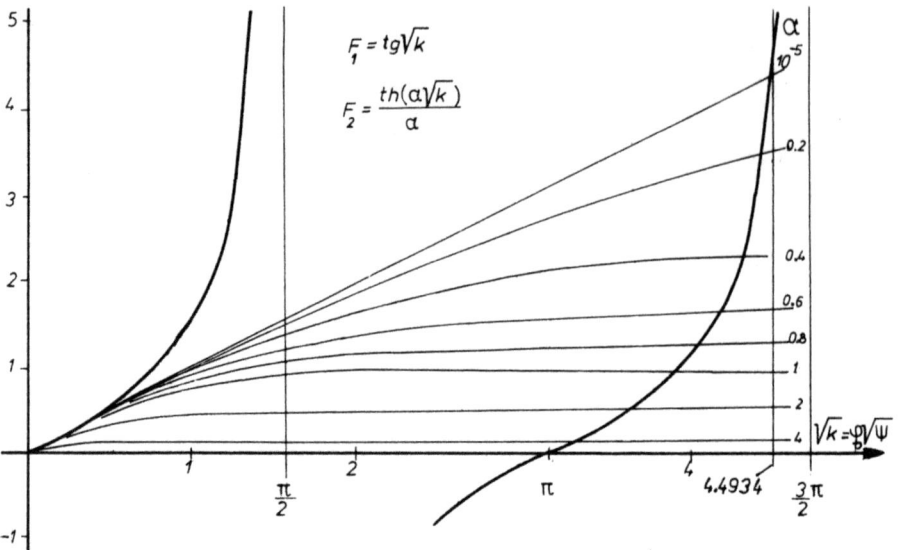

Bild 10: Lösungen der Gleichung $\quad tg\sqrt{k} = \dfrac{th\,\alpha\sqrt{k}}{\alpha}$

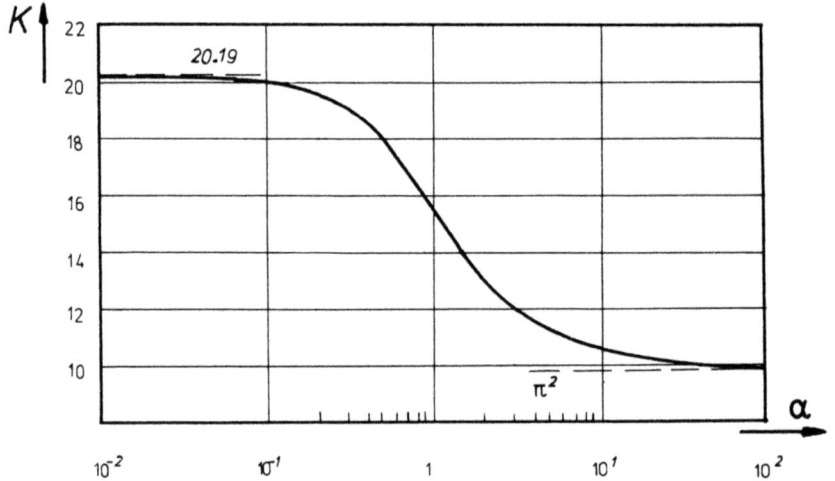

Bild 11: Darstellung von k als Funktion des Steifigkeitsverhältnisses α

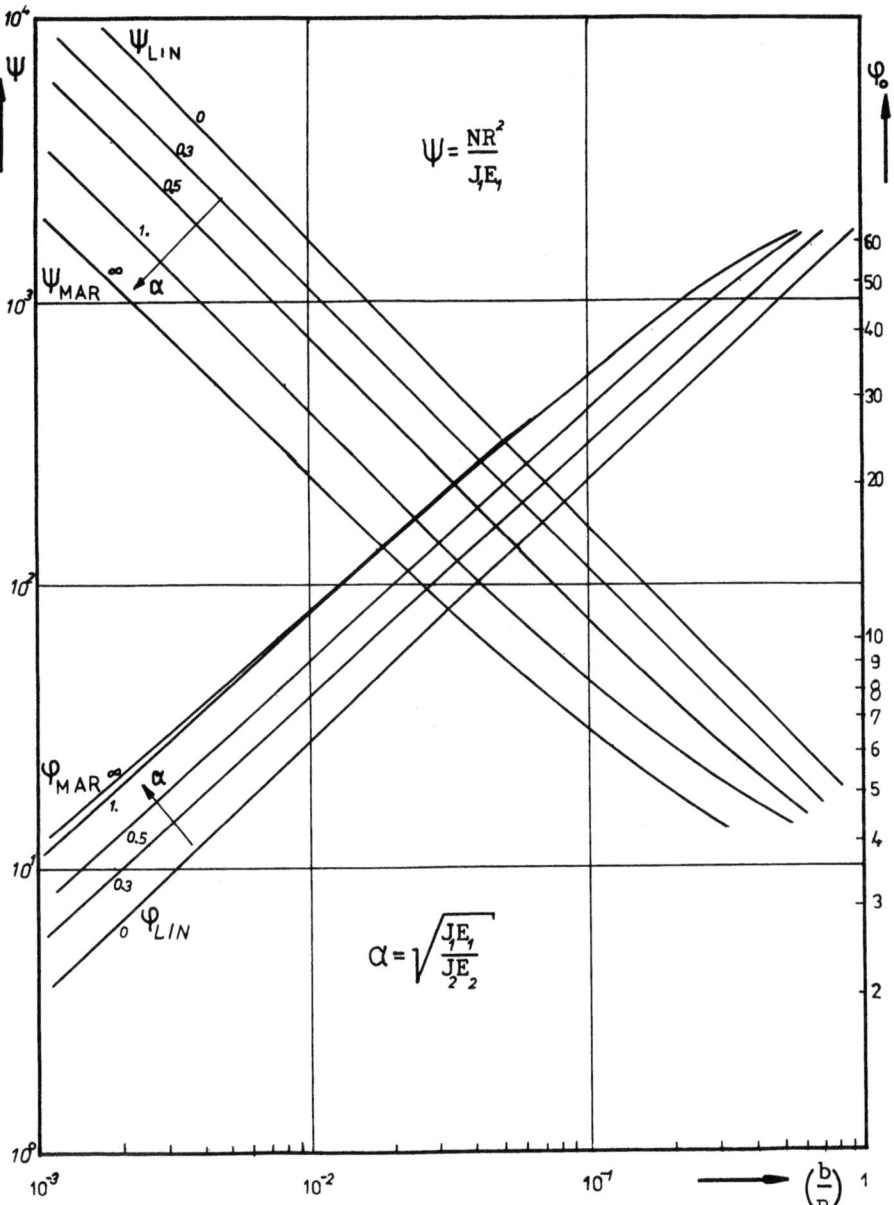

Bild 12: Zusammenhang zwischen Traglast ψ und Störgröße $\left(\frac{b}{R}\right)$ sowie zwischen Beulwinkel φ_0 und $\left(\frac{b}{R}\right)$

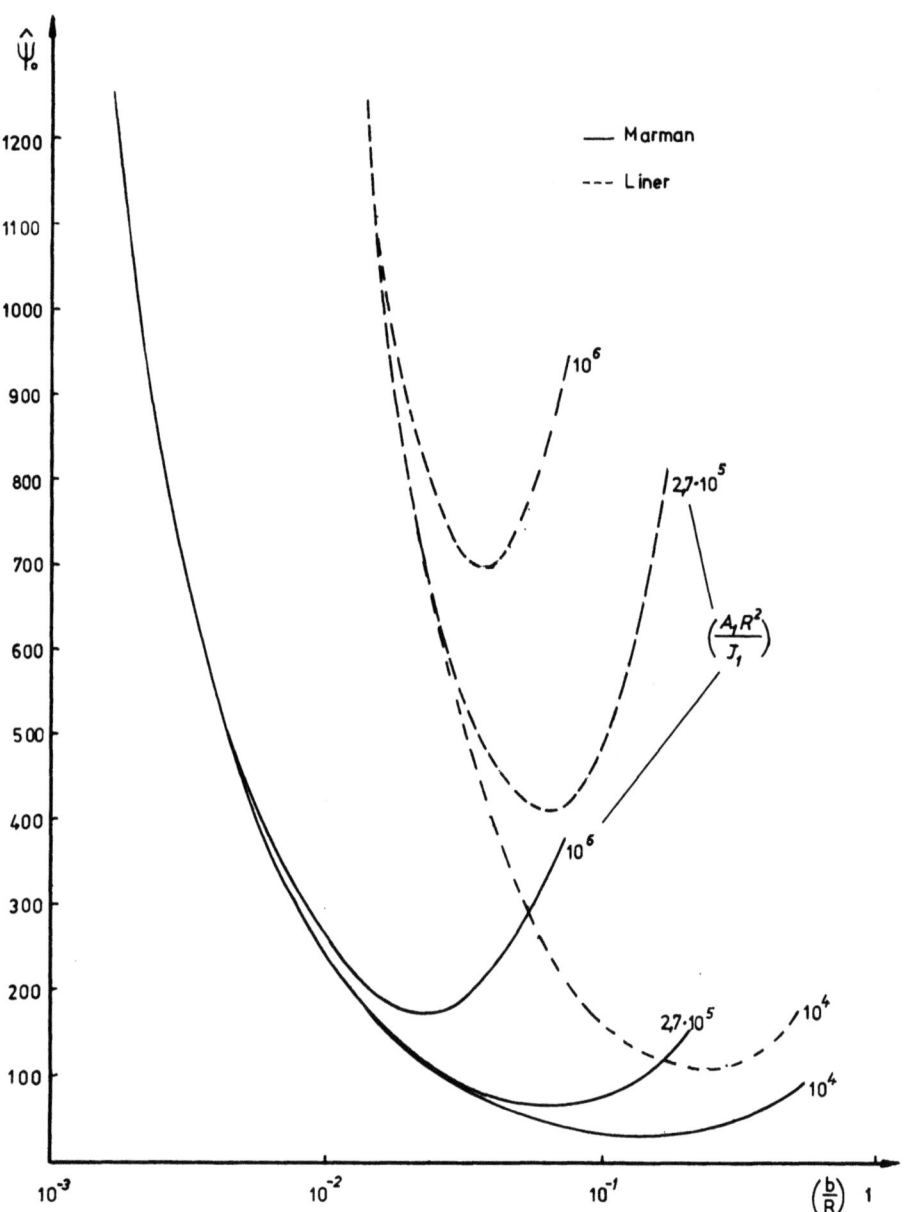

Bild 13: Nachbeulkurven

Die Abhängigkeit der ursprünglichen Traglastbeiwerte $\hat{\psi}_o$ des sich entspannenden Systems von den Störgrößen $\left(\frac{b}{R}\right)$.

 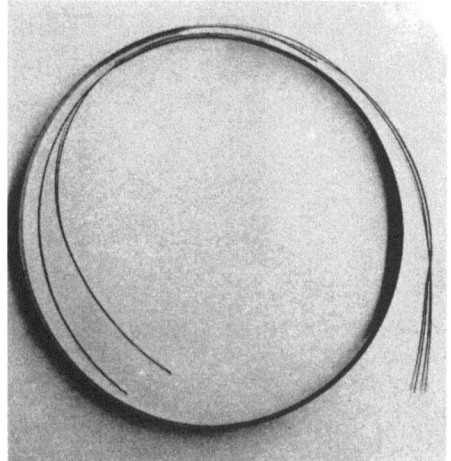

Belastungsrahmen   Eigenspannungsfreier Ring

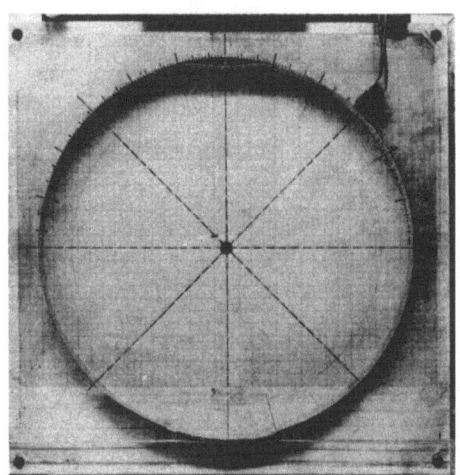 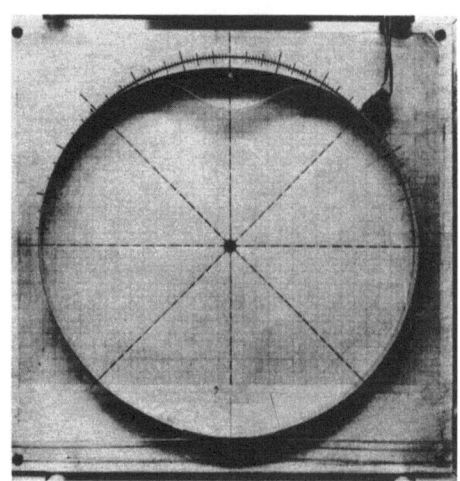

Ringe vor und nach dem Beulvorgang

Bild 14: Der durch den überall anliegenden vorgespannten Außenring belastete Innenring befindet sich im Gleichgewichtszustand. Eine Störung zwischen Innen- und Außenring bestimmt die Größe der Traglast und die Beullänge. Der Störkörper liegt lose zwischen Innen- und Außenring.

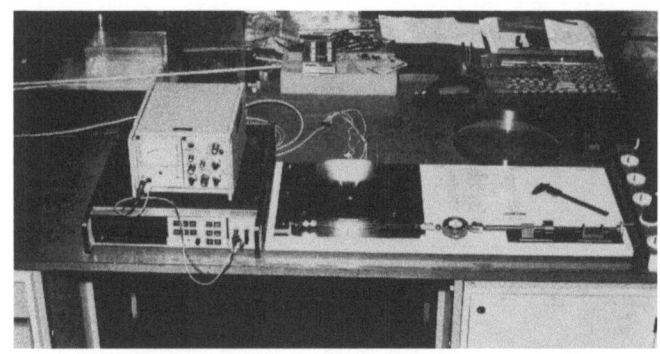

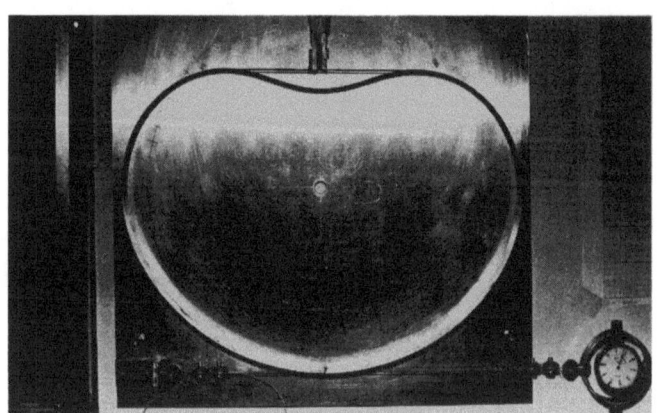

Nachbeulgleichgewicht

Bild 15: Der durch ein überall anliegendes, vorgespanntes Seil belastete Kreisring befindet sich in einem stabilen Gleichgewichtszustand. Eine örtliche Störung, etwa ein Draht zwischen dem Ring und dem Seil, bestimmt dagegen die Höhe der Tragfähigkeit und die Wellenlänge der Beule, die bei der größten Tragfähigkeit entsteht.

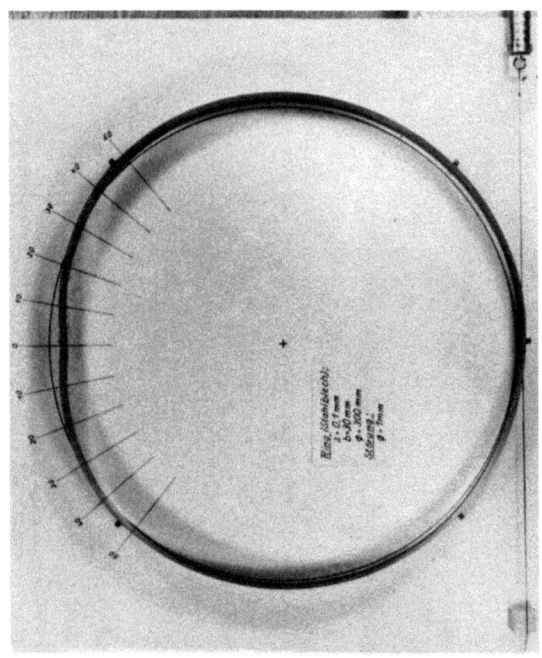
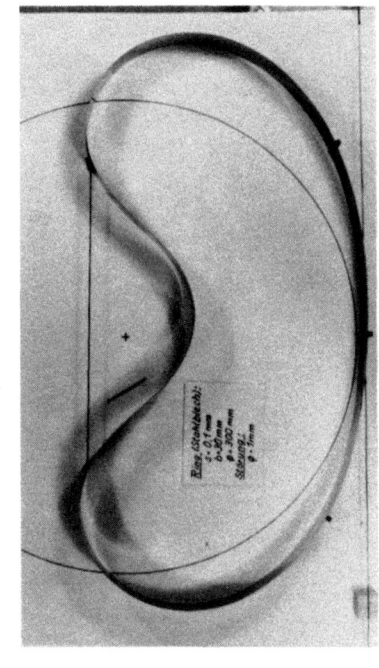
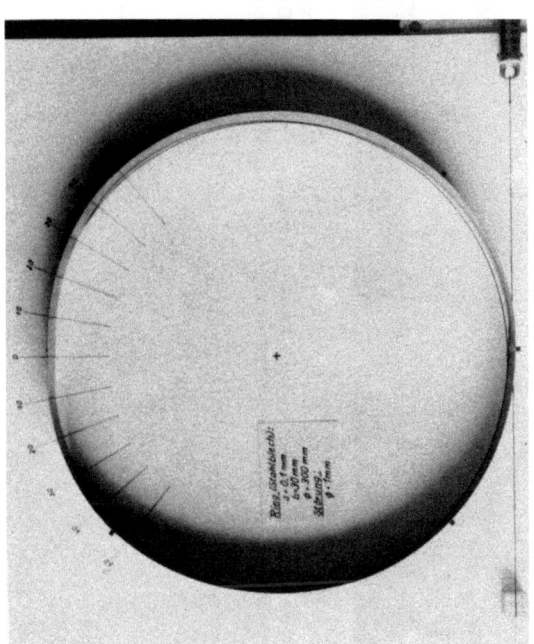

Bild 16: Der durch ein überall anliegendes, vorgespanntes Seil belastete Kreisring befindet sich in einem stabilen Gleichgewichtszustand. Eine örtliche Störung, etwa ein Draht zwischen dem Ring und dem Seil, bestimmt dagegen die Höhe der Tragfähigkeit und die Wellenlänge der Beule, die bei der größten Tragfähigkeit entsteht.

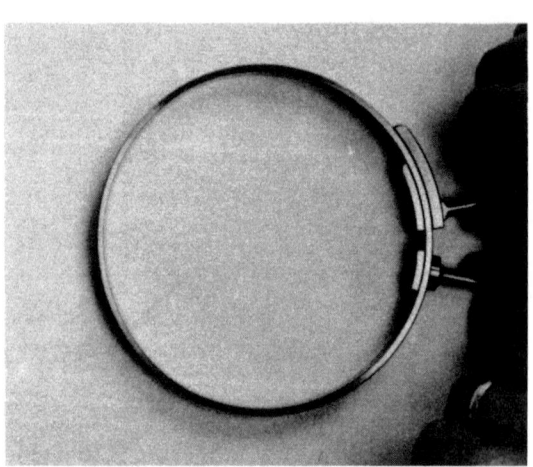

Bild 17: Der dünne, vorgespannte Kreisring in einer starren Umgebung befindet sich in einem stabilen Gleichgewichtszustand. Eine Störung, etwa ein Draht zwischen dem Ring und der Umgebung, bestimmt die Größe der Traglast und die Beullänge.

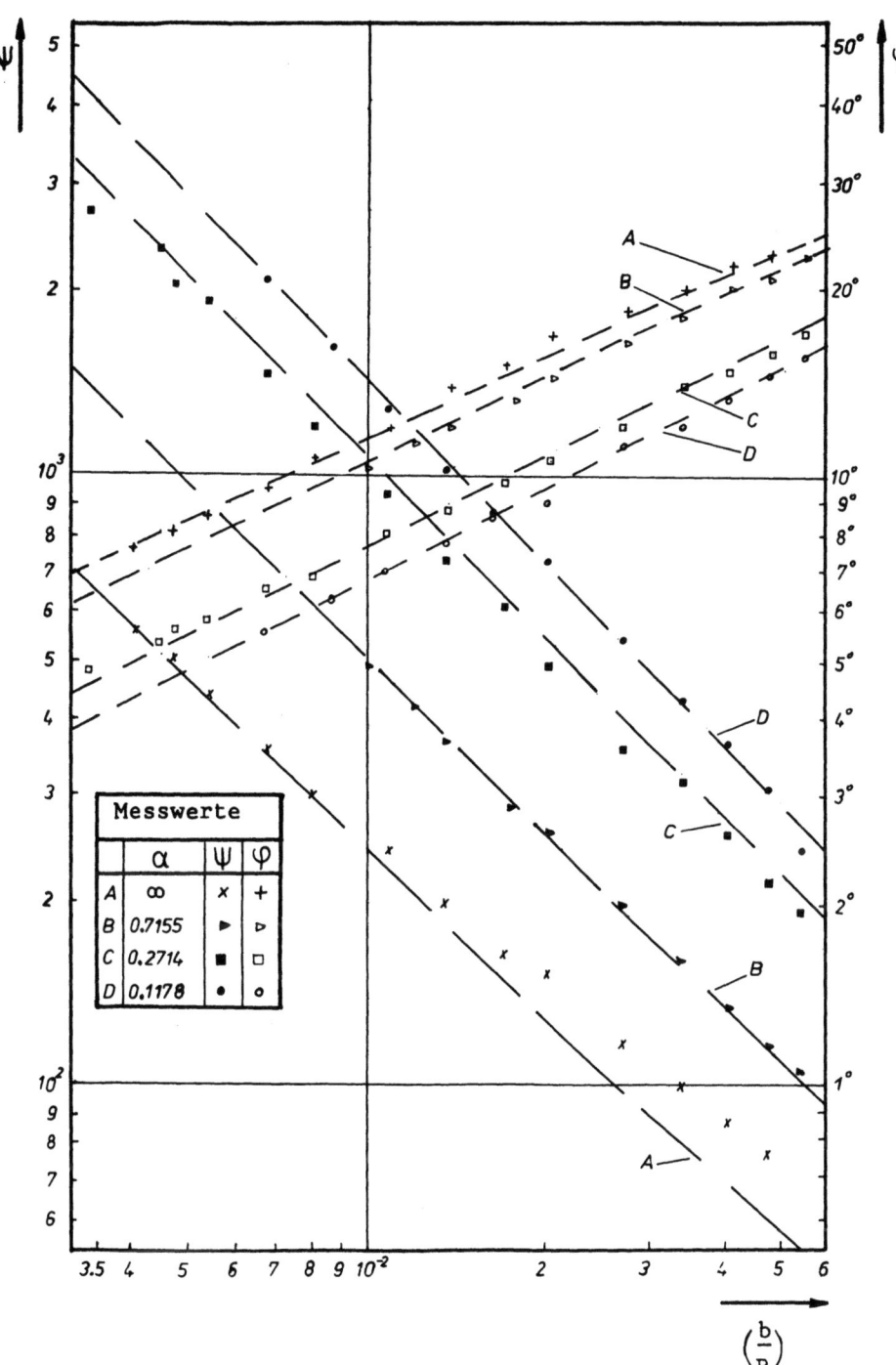

Bild 18: Versuchsergebnisse

FORSCHUNGSBERICHTE
des Landes Nordrhein-Westfalen

*Herausgegeben
vom Minister für Wissenschaft und Forschung*

Die ,,Forschungsberichte des Landes Nordrhein-Westfalen" sind in zwölf Fachgruppen gegliedert:

Geisteswissenschaften
Wirtschafts- und Sozialwissenschaften
Mathematik / Informatik
Physik / Chemie / Biologie
Medizin
Umwelt / Verkehr
Bau / Steine / Erden
Bergbau / Energie
Elektrotechnik / Optik
Maschinenbau / Verfahrenstechnik
Hüttenwesen / Werkstoffkunde
Textilforschung

WESTDEUTSCHER VERLAG
5090 Leverkusen 3 · Postfach 30 06 20

MIX
Papier aus verantwortungsvollen Quellen
Paper from responsible sources
FSC® C105338

If you have any concerns about our products,
you can contact us on
ProductSafety@springernature.com

In case Publisher is established outside the EU,
the EU authorized representative is:
**Springer Nature Customer Service Center GmbH
Europaplatz 3, 69115 Heidelberg, Germany**

Printed by Libri Plureos GmbH
in Hamburg, Germany